名家科学眼

罗祖德　于川江　编著

人类与灾害
大自然也任性

U0395723

上海科学普及出版社

MINGJIA KEXUEYAN

图书在版编目（CIP）数据

人类与灾害：大自然也任性 / 罗祖德，于川江编著.

— 上海：上海科学普及出版社，2015.7

（名家科学眼）

ISBN 978-7-5427-6248-1

Ⅰ.①人… Ⅱ.①罗… ②于… Ⅲ.①灾害防治−普及读物

Ⅳ.①X4-49

中国版本图书馆CIP数据核字（2014）第221445号

策　　划　胡名正
责任编辑　史炎均　叶婧芸
统　　筹　刘湘雯

名家科学眼

人类与灾害

——大自然也任性

罗祖德　于川江　编著

上海科学普及出版社出版发行

（上海中山北路832号　邮政编码 200070）

http://www.pspsh.com

各地新华书店经销　　北京市艺辉印刷有限公司印刷

开本 787mm×1092mm　1/16　印张 8　字数 160 000

2015 年 7 月第 1 版　2015 年 7 月第 1 次印刷

ISBN 978-7-5427-6248-1　　　　　　定价：29.80 元

卷首语

灾害一般是指能够给人类和人类赖以生存的环境造成破坏性影响的事。灾害的对象是人，灾害是对人而言的，自从地球上有了人就有了灾害。

灾害可以扩张和发展，最后演变成灾难，它会让一个个活生生的生命顷刻终结，让一个家庭、一座城市乃至一个国家瞬间毁灭。鉴于灾害的危害和可怕，宿命论者往往以灾害说事，杜撰了种种"世界末日"说。然而人类已安然度过了历史上无数个"末日"，实践证明"末日"只是个传说。

但是，灾害却是实实在在的，它时时刻刻威胁着人类的安宁和生存。一部灾害史告诉我们：灾害始终伴随着人类，与人类同存共在。除了地震、火山喷发、山崩海啸、飓风（台风）、风暴潮、暴雨、洪水、干旱等自然灾害以外，人类过分干预大自然而造成的酸雨、毒雪、沙尘暴、雾霾等新的灾害种类也层出不穷。

灾害总是趁人不备，突然袭来。

公元 79 年 8 月 24 日，意大利维苏威火山剧烈喷发，位于山麓的庞贝古城惨遭深埋；2004 年 12 月 26 日，印度洋大海啸汹涌而来，沿岸 36 万余人葬身大海；2007 年，飓风奔袭美国，新奥尔良城首当其冲，顷刻成为一座"死"城……

灾害的成因众多，有自然的，也有人为的，就其根本来说，灾害是天、地、人三大系统不协调的产物。

天，是指我们周围的自然界，宇宙、星星、大气、空气等等。

地，是指地球表面的地生态，江、河、湖、海、森林、草地、沼泽、湿地、城市、乡村等等。地生态的恶化容易引发灾害。

人，则是指生活在地球上不断地改造地生态的人类。

三者和谐、协调，则风调雨顺，天下太平；三者矛盾剧化，严重失调，就会灾害连连。

灾害是客观存在的，对人而言，它还具有两面性。千百万年来，人类在与灾害抗争中认识到：要辩证地看待灾害，科学地对待灾害。每一次灾害的出现都是一次代价高昂的学习机会：

一是大灾之后必有大识。

一场大灾难到来之际，大自然会将深藏的真谛袒露人间，让人类一窥其真面目。大地震告知人们，地震波在从震源开始经过地球各个圈层的速度是不同的。从而让人类探知了无法进入的地球深部，认识了地球内部的结构和圈层。火山喷发，地球深部的岩浆喷薄而出，人们才知道，地球内部深藏着哪些物质，比如在火山颈中发现的金刚钻石等等。

二是大灾之后也有大建。

在灾害给人类带来沉重的灾难之时，往往是摧枯拉朽，城毁人亡。但是，人类从不畏惧，新家园不断地在废墟上拔地而起。一部灾害史告诉我们：灾难也是推动历史进步的一种动力。世上几乎每一次重大灾难都是由巨大的社会历史进步作补偿的。关键在于我们要善于向灾害学习，在救灾中寻找防灾对策。

长达100多万年的人类史还告诉我们：人类，就是在大自然灾害中催生的，就是在与自然灾害搏击中成长的。灾害不绝，人类的进步不止。灾害过后，太阳照样升起，世界将越来越美好。在灾害中认识灾害、防范灾害，是人类永恒的天责和任务。

目　　录

祸福相倚——辩证看待灾害

世纪的回顾
——多灾多难的20世纪

　　人类的历史，就是与灾难相伴而行的历史。在漫漫历史长河中，有一些令人恐惧的灾难深深沉淀在人们的记忆之中。我们怀着一颗敬畏、虔诚的心，带着刻骨铭心的伤痛，一起追溯历史的记忆，回顾20世纪曾经发生过的惨烈场面，并告诉人们灾难背后的种种故事。

"世界风云人物"——地球

1988 年年末，美国《时代》周刊年度评选世界风云人物的例会在美国洛杉矶的博尔德召开。当评选结果揭晓时，人们惊讶地发现：这一年评选出的全球"头号新闻人物"并不是当代的任何一位风云人物，而是人类所赖以生存的星球——地球；一张由条条绳索捆绑着的地球的彩色图片赫然刊登在美国《时代》周刊的封面上！

这是为什么？

《时代》周刊评委们的罕见之举虽然出乎人们的意料，但绝非哗众取宠、标新立异。

1988 年，是全球性重大灾害频繁发生的一年，世界各国相继出现严重的气候异常，自然灾害和人为祸害迭起，各种灾害造成的损失极为惨重。美国中西部地区发生了百年未遇的特大旱灾，粮食作物减产 30%~40%；巴西亚马孙地区发生特大森林火灾，熊熊烈火遮天蔽日，原始热带雨林被毁 25 万

《时代》评选的世界风云人物——地球

平方千米；由酷暑高温造成的滚滚热浪席卷亚洲、南欧、中欧以及北美各国，数万人中暑身亡；非洲大陆持续干旱并出现罕见的特大蝗灾，漫天遍野的蝗虫横扫数国，所到之处粮食作物被吞噬一空；苏联亚美尼亚地区发生里氏 7.1 级大地震，3 座城市被毁，5.5 万人丧生，50 万人无家可归，直接经济损失达几百亿卢布；东南亚及南亚各国连遭暴雨袭击，造成洪水大泛滥并引起山崩……1988 年，全球范围内出现的诸如英国史无前例的冬旱、联邦德国全国范围的特大冬雪、美国和孟加拉湾地区频现的龙卷风等，各种局部性的天灾更是层出不穷。世界各国人民就是在如此恶劣的生态环境下惴惴不安地度过了这多灾多难的 1988 年。

在中国，1988 年也是一个中等偏重的自然灾害年。在这一年中，干旱、洪涝、地震、台风、冰雹等重大灾害接连不断，造成

1988 年苏联亚美尼亚大地震

农作物受灾面积 5 066 万公顷（其中绝收面积486 万公顷），粮食作物比 1987 年减产 92 亿多千克，全国成灾人口逾 2 亿人，有 7 300 余人死亡，258 万余间房屋倒塌，直接经济损失总计达上百亿元，国家全年用于救灾的资金高达 50 亿元。

1998 年"米奇"飓风造成的破坏

转瞬间，过了 10 年，1998 年又是一个灾害深重的年头。据美国世界观察研究所发表的调查报告显示：1998 年，全年发生的暴风雨、水灾、地震、旱灾与火灾等自然灾害致使 3.2 万人丧生，3 亿人流离失所，经济损失高达 890 亿美元，超过了 1996 年灾害损失 600 亿美元的记录，比整个 20 世纪 80 年代的灾害损失总和还要多。其中，中美洲地区的"米奇"飓风、中国的长江洪灾、孟加拉国的水灾，都属于 20 世纪最严重的灾害。中国的灾害损失十分严重，据民政部、水利部、农业部、国家统计局、气象局核定：1998 年，全国共有 3.5 亿人（次）受到各类灾害的影响，因灾死亡 5 511 人，倒塌房屋 821.4 万间，损坏房屋 662.5 万间，农作物受灾 5 014.5 万公顷，成灾 2 518.1 万公顷，绝收 761.4 万公顷，各类灾害造成的直接经济损失 3 007.4 亿元。

然而，地球上重大灾害接连不断的年份又何止 1988 年、1998 年这两年！若以更大的时间尺度和更多的灾害种类衡量的话，我们完全可以说：整个 20 世纪就是一个灾害频发的世纪。

知识窗

自然灾害

从科学的角度来看，地震、火山爆发、洪水、干旱还称不上是自然灾害，它们只能算是自然现象。只有当这些自然变异事件对人类生命、财产、社会功能以及资源环境造成危害，才谈得上是自然灾害。

知识探究

地球上有蓝、绿两种重要色彩，蓝色是海洋，绿色是覆盖大地的植被。在人类与充满绿色植物的自然界和谐相处了数百万年后，危机出现了，地球上的绿色正在消失，那么是谁让地球"生病"了呢？

洪水在咆哮——水灾

1998 年长江大洪水漫堤淹没村庄

　　1998 年是一个水灾之年。据比利时布鲁塞尔灾后流行病研究中心统计：在这一年中，全球有 55 个国家发生了 96 场水灾。在中国，经历了 1998 年长江大洪灾后，人们对水灾危害的认识也更加深刻了。

　　洪水泛指大水，确切地说是指能酿成灾害的大水。在遍及全球的各种自然灾害中，洪水灾害是最常见且危害最大的一种。这不仅是因为洪水出现的频率高、波及的范围广，而且洪水来势凶猛，发生时具有相当的紧急性和巨大的破坏性，能造成大量的人畜伤亡、大面积的房屋被冲毁和农田被淹没，还会诱发严重的瘟疫和虫灾。自古以来，人们就把"摩西洪水"视为人世间最大的灾祸，用"洪水猛兽"一词来比喻重大的祸害。早在春秋战国时期，中国著名经济学家、政治学家、军事学家管仲（公元前 719~ 公元前 645 年）著有《管子》一书，书中的《度地篇》就有"五害之属水为大"的说法。即使在科学技术高度发达的现代社会，水灾依然是严重威胁人类生命财产安全的一大自然灾害，它所造成的经济损失和人身伤亡始终居于各种自然灾害的首位。国外统计资料表明，在全世界每年因自然灾害造成的直接经济损失中，水灾损失占 40% 左右。20 世纪以来，世界各国曾先后发生过近 40 次特大水灾，每次都导致上万人死亡，千百万人颠沛流离、无家可归。虽然在现代社会，人们改造自然的能力不断增强，但是每年水灾发生的频率依然明显增大，水灾损失呈现

1998 年德国洪水泛滥，多地变成泽国

出逐年增加的趋势。据美国海外灾害救援局的报道，20 世纪的 60 年代到 70 年代，全球平均每年发生的洪涝灾害已由 15.1 次上升到 22.2 次，暴雨灾害由 12.1 次上升到 14.5 次。60 年代美国平均每年的水灾损失约为 7.2 亿美元，到 70 年代则增加到 15 亿美元，经济损失翻了一番。

1962 年，联邦德国的汉堡市遭遇特大洪水灾害，1/5 的市区被洪水淹没。1997 年 7 月，持续不断的降雨导致奥德河、尼斯河和易北河的水位大幅度上升，百年一遇的特大洪水袭击了德国、波兰和捷克的相关地区。

1988 年，非洲许多国家因暴雨造成洪水泛滥。在苏丹，大水淹没了广阔的农田、城镇和公路，首都喀土穆被浸没在 2 米深的水中变成一片泽国，全国共有 4 万多幢房屋被冲毁，200 多万人遭灾。

地处南亚次大陆的印度、巴基斯坦和孟加拉国三国都是洪涝连年的国度，其中以巴基斯坦国、孟加拉国受害最深。1970 年，一次台风登陆引发的大水就淹没了东巴基斯坦数万平方千米的土地，致使 100 多万人丧生；1988 年的特大水灾导致孟加拉国深受其害，约有 3/4 的国土浸没在洪水中，首都达卡的街道变成了运河，甚至连

非洲许多国家因暴雨造成洪水泛滥

首相官邸亦被没膝的洪水所淹，3 000 多万人流离失所。

自古以来，中国就是一个饱尝水患之苦的国家，因此形成了独特的治水政治和治水文化。在中国，治水与治国始终融为一体，素有"治国先治水"之说。据历史资料的不完全统计，从公元前 206 年到 1949 年的 2 000 多年间，中国共发生 1 092 次较大的水灾，平均每两年就发生一次，其中死亡万人以上的特大水灾自 1900 年以来已经达 13 次之多。1949 年之后，随着大批水利工程设施的兴建，我国的防洪抗灾能力有了很大提高，但洪涝灾害依然十分频繁，受灾面积、成灾率，以及各有关部门提供的救灾经费等均呈明显上升的趋势。1950~1986 年，全国洪涝受灾面积超过 1 亿亩（1 亩 =666.7 平方米）的年份多达 19 年，所有的大江大河都发生过大洪水，其中仅 1954 年的长江大水和 1963

孟加拉国首都达卡洪水泛滥

淮河频发洪水

年的海河大水所造成的直接经济损失就分别超过 100 亿元和 60 亿元，1975 年的河南淮河大水的损失则更为惨重。据有关部门测算，我国每年因洪涝灾害所造成的直接经济损失为 1 500 亿~2 000 亿元。

1919~1938 年，黄河共决溢 14 次，造成直接经济损失约 1 000 亿元。1949 年以来，党和政府大力治理黄河，黄河沿岸人民合力抗洪，黄河已连续多年伏秋大汛不决口，1949 年前的"三年两决口，百年一改道"的黄河旧貌已根本改观。但是，这并不意味着人们从此可以高枕无忧。由于巨大输沙量的存在，随着两岸束河堤防的不断加高培厚，黄河中下游地区的河床也在相应升高。目前，河床在相应部位已高出郑州、济南 3~5 米，高出开封市 12 米，成了一条地地道道的"悬河"。一旦黄河大汛时期出现决口甚至改道现象，势必殃及北至天津、南达淮河的大约 25 万平方千米的广袤地区，严重威胁黄河

黄河的河害来自"悬河"

中下游地区约 1 亿人口的生命财产安全。"黄水之祸"至今仍是"中国的忧患"。

长江是我国第一大河，也是世界著名的第三大河。长江干流全长 6 300 余千米，流域面积 180 万平方千米，居住着全国 1/3 的人口。长江流域雨量丰沛，年入海量 9 600 亿立方米，水资源总量约占全国的 36%；水能资源十分丰富，可开发量占全国的 53%。目前，长江中下游平原有 7 500 万人口，600 万公顷耕地，5 座百万人口以上的特大城市，16 座 20 万人口以上的大中型城市。

黄河洪水造成决堤

　　长江流域，特别是经济发达的长江中下游平原地区受洪水的严重威胁，这是中华民族的心腹之患。

　　目前，我国长江、淮河、海河、辽河、珠江、松花江以及黄河7条大河中下游共100多万平方千米的肥沃土地，以及上海、郑州、蚌埠、天津、营口、广州、哈尔滨、柳州等10多个重要城市的地面标高，都已经处于相应部位的江河洪水水位之下。谁能料想，如今保护着中

广西柳州洪水围城

国半壁河山和亿万人民生命财产安全的，竟是那总长为16.8万千米的江河堤坝！然而，又有谁能确保这些江河堤岸是坚不可摧的"钢铁长城"呢？这些水位已经高于人们头顶之上的大江大河，犹如一把把高悬的"达摩克利斯剑"，一旦落下，其后果真是不堪设想。

　　20世纪90年代以来，我国洪涝灾害连连不断。1991年，太湖流域、江淮大地遭受了严重的水灾，造成的直接经济损失超过20亿元。

1996年长江洪水泛滥，淹没村庄

　　1996年是一个洪涝灾害年。长江流域、珠江流域，以及黔、皖、浙、赣、鄂、川、湘等地区相继发生洪灾，新疆天山南北也遭受水灾，通往南疆的铁路路基被冲断。6月初，江西中部地区连降暴雨，导致山洪暴发，全省倒塌房屋5 700多间，180万人受灾。6月底，皖、浙两地突降暴雨，皖南地区最大降雨量为180毫米，宣州市遭遇大灾，皖赣铁路多处塌方，大范围路基被冲毁，钢轨悬空，20余座桥台移位，桥基、路基被毁，皖赣铁路全线中断，安徽全省灾民达538万人。与此同时，浙江省遭特大暴雨袭击，全省21个县（市、区）、427个乡镇受灾，数十万亩农田受淹，受灾人口451万人；杭州市区24小时雨量达186毫米，一些公路交通中断。7月中旬，鄂、桂地区再次暴雨成灾，江汉平原，以及鄂东南和鄂东北地区外洪内溢，510万亩农田被淹，长江流域的监利县以下各站水位全部突破警戒水位，武汉市险情严峻。广西柳州地区遭受20世纪初以来的最大洪灾，柳江上游的三江、融安、融水三县交通、通讯全部中断，2万多人被洪水围困在房顶，水位超过警戒线8~10米，广西柳江

1998 年长江大洪水导致多处决堤险情

地区 7 月 18 日水位达 91.72 米，柳州市被淹没在洪水之中，停水停电，交通、通讯中断，湘贵铁路柳州段大桥遭受严重威胁，有关部门用 50 节货车满载石头压住桥面、保护大桥，柳州市 6 座公路桥也被水淹……

1998 年，又是一个洪涝灾害年。长江中游发生了继 1954 年之后又一次全流域的洪水灾害，高水位持续时间之长为 20 世纪之最，九江江堤溃决，两岸多处垸子破堤被淹，灾损惨重。除长江流域之外，松花江、嫩江流域出现了超历史记录的特大洪水，珠江流域的西江和福建闽江也相继发生百年一遇的洪涝灾害。全国各地因水灾死亡 4 150 人，水灾造成的直接经济损失达 2 550.9 亿元。

一次次咆哮的洪水，一场场惨重的灾难，再次告诫人们：洪水胜于猛兽，防洪迫在眉睫。

知识窗

洪水形成的自然因素

洪水形成的自然因素有以下几种：

瞬间雨量或累积雨量超过河道的排放能力，水便溢出河道造成洪灾；湖泊面积大幅减小，其储存河水、调节河流的功能也随之下降；河道淤积，疏于疏浚，河床逐渐变浅，使容量减少，遇上大雨，河水极易溢出河道酿成洪灾；温室效应引起全球气候变暖，其特点是大雨发生频率增加，或是台风带来的瞬间雨量变多；地震引发的海啸，或是热带气旋所带来的风暴潮。

知识探究

世界上最大的液态淡水水域是北美洲五大湖，它是约 100 万年前冰川活动的最终产物。中国的湖泊众多，有"五湖四海"之称，"四海"即指渤海、黄海、东海和南海；那么"五湖"指的又是什么地方的湖泊呢？

大地在"叫渴"——旱情

地球上有很多的水，据估计，水的总体积约为 13.8 亿立方千米。但是十分可惜，占地球水总量 98% 的水是分布在海洋中的咸水，淡水只占地球水总量的 2%，约为 3 000 万立方千米。淡水的 88% 被冻在两极的冰帽和冰川里，不能为人类所用，只有剩下 12%，即河流、湖泊和能开采的浅层地下水，才可以为人类所用。在人类可利用的淡水中，绝大多数为地下水，不开采就不能利用；人类可直接利用的河流湖泊中的水，只占淡水总量的 0.04%。

对于居住在不同国家和地区的人来说，地表水资源的分配显得如此不公：有的区域终年豪雨，水源丰沛；有的区域则常年无雨，水源枯竭。这是因为地表水资源的时空分布总是极不均衡的，具有明显的区域性差异和季节性差异。然而，对于整个地球来说，地表水资源的分配又似乎是合情合理的：今年降水多了，来年势必水少；一些区域的丰水，

地球上的水

意味着另一些区域的枯水。这是因为地表水资源的总量是恒定的，具有相对的稳定性。但不管基于上述哪一种情况，其结局总是"非涝即旱"：大雨则易涝，无雨则易旱。旱、涝两灾如同一对形影不离的孪生兄弟，同时异地或异时同地，危害着人类。

在世界五大洲中，非洲大陆始终是一个最为"干渴"的大陆。20 世纪以来，

地球上的水资源

非洲大陆近乎连年旱情不断。1968~1973 年，包括十几个国家在内的北非撒哈拉地区连续 5 年发生大旱。1972 年，全年几乎滴雨未落，致使田地龟裂，大地生烟，河井干枯，人畜渴毙。埃及尼罗河水位落到了历史最低点，阿斯旺水坝的发电机也被迫停止了转动。1982~1984 年，非洲大陆又遭受百年未遇的特大旱灾，先是西非地区大

旱，而后很快蔓延到萨赫勒（意即"沙漠的边缘"）地区以及非洲东部和南部地区，酿成全洲性大旱灾，导致 24 个国家严重受灾，受灾人口 2 亿多人，占非洲大陆总人口的 40% 左右。由于连续十几年遭旱灾，非洲大陆农业生产受损严重，大片农田颗粒无收，引起粮荒，牲畜存栏数骤减，数千万人在饥饿和死亡线上挣扎。20 世纪频繁暴发的旱灾使非洲大陆 55 个国家中有 45 个国家短期或长期缺粮，人民生活困苦不堪。

干旱威胁非洲上千万人生命

　　自古以来，中国就是一个旱灾严重的国家。据统计，以公元前 206 年到 1949 年，我国发生旱灾 1 056 次。在 20 世纪的前 50 年中，曾发生过 11 次死亡逾万人的特大旱灾，其中最大的两次分别发生在 1928~1930 年的陕西省和 1942~1943 年的河南省，因持续大旱，造成严重的粮荒，饿死的灾民分别多达 250 万人和 300 万人。这两次旱灾成为 20 世纪以来全世界最大的自然灾害。

　　在中国，比洪水威胁更大的，是水资源的严重短缺。我国水资源的总量为 28 124 亿立方米，但人均占有水资源仅为 300 立方米，约为世界人均水资源占有量的 1/4，排在联合国公布的 149 个国家中的第 109 位，属于世界上 13 个贫水国家之一。在现有的社会经济、科学技术和自然生态条件下，我国水资源的可利用量为 1 万亿~1.1 万亿立方米。目前我国的年供水量大约为 5 400 亿立方米，而农业生产中年缺水量为 300 亿立方米，工业生产和城市生活用水年缺水量为 60 亿立方米。我国水资源的分布极不平均，水土资源组合与矿产资源分布也不相适应。

　　与缺水"结伴而行"的是干旱。"洪灾一条线，干旱一大片。" 1950~1986 年，全国平均每年受旱面积 3 亿亩，成灾面积 1.1 亿亩。在干旱严重的 1959 年、1960 年、1961 年、1978 年和 1986 年，全国受灾面积都超过 4.5 亿亩，其中 1978 年的受旱面积 6 亿亩，成灾面积 2.7 亿亩，这是有统计资料以来的最高值。

2006 年川渝遭遇百年不遇的大旱

　　其实，干旱也频频降临北美大陆。1986 年，美国东南部地区近 10 个州发生了百年未遇的特大干旱，旱情整整延续了冬、春、夏三季。其中，波迪湖 4 月份水位降到了 1896 年以来的最低点；伯明翰等许多地区被迫实行用水配给和强制性的水资源保护条例；北卡罗来纳州等则因干旱诱发了森林火灾，受灾面积达 90 万英亩（1 英亩 =4

046.86平方米）。7月，干旱热浪席卷整个东南地区，连续数天日最高气温高于37℃，局部地区高达40℃，酷热少雨天气使大片玉米、大豆和牧草干枯，至少60人中暑身亡，61万只鸡丧生，全年农牧业损失估计达19.8亿美元。1988年，6月23日，美国从东至西的45个城市的日最高气温平均高达46℃，全国50个州

美国奥克顿严重干旱的玉米地

中有33个州的1 500个县被列为重灾区，受灾面积之大是美国历史上罕见的。由于干旱，1988年美国粮食产量比上一年减产了1/3。密苏里州的布朗宁湖因水位骤降，导致数千条大鱼缺氧而死。

针对干旱与水荒愈演愈烈的状况，科学家指出，如果说20世纪是一个能源危机的世纪，那么21世纪可以说是一个水资源危机的世纪。世界水文理事会主席马哈茂德·阿布·扎依德说："在20世纪50年代，只有少数几个国家缺水。但是，到了20世纪90年代后期，有26个国家的3亿人口缺水。预计到2050年，约有占世界人口的2/3的66个国家将由一般缺水发展为严重缺水。"专家们警告说，日益严重的水资源匮乏可能引起部分地区的不稳定，甚至引起国与国之间关系的紧张化。专家们进一步指出，要想解决由"气候变化、水资源污染、人口增长及其他对环境不利的人类活动"所造成的水危机，必须进行"全球范围的协作"。

与洪灾一样，干旱也是人类不可掉以轻心的大灾难。

知识窗

干旱的起因

干旱的形成可能有以下几方面原因：（1）不存在可能带来降水的暖湿气流。（2）一段时期气温显著偏高。（3）人类社会经济发展和人口膨胀导致水资源短缺日趋严重，从而直接导致干旱区域扩大与干旱化程度加重。

知识探究

玛雅文明湮灭之谜是考古学家们探讨的永恒话题之一，大家也提出过许多假设，诸如过度开垦土地、气候巨变、传染性疾病，以及社会暴乱、外敌入侵等等。那么，你认为究竟是什么原因毁灭了玛雅文明呢？

狂风肆虐——台风和飓风

台风和飓风都是发生在热带海洋上空的强烈空气旋涡，因发生的地域不同，名称各异。出现在北太平洋西部和我国南海的强烈热带气旋称为"台风"；发生在大西洋、墨西哥湾、加勒比海和北太平洋东部的称为"飓风"；发生在印度洋、孟加拉湾的叫"热带风暴"；而澳大利亚人则称其为"威力·威力"。根据中国气象局的规定，人们所惯称的台风，现改称为热带气旋。全球每年出现的热带风暴（含台风和飓风）大致有 60 多个，其中大约 76% 发生在北半球。在我国沿海、中美洲、加勒比海，是经常受台风和飓风袭击的地带。台风和飓风不仅有巨大的风速，并且伴有暴雨、巨浪和高潮，具有极大的破坏性，人类很难对付。

1998 年 10 月 24 日，午夜刚过，设在迈阿密的美国国家飓风观测中心巨大的视像监视器上，一个令人感到恐惧的白色旋状物在西加勒比海中间出现。飓风观测中心随即发出警告："卫星图像显示，'米奇'飓风正在进一步加强中。"当天下午，飓风到达牙买加首都金斯敦西南 346 千

台风卷起的海浪

米处，并以每小时 101 千米的速度继续北移。牙买加和古巴的有关防灾机构立即进入紧张防备状态。然而，"米奇"飓风并没有轻易暴露自己，而是继续在海上蜿蜒游荡。直到 3 天以后，在连接南北美洲的中美洲狭长地带，人们才发现"米奇"飓风。此时，"米奇"飓风已"成长"为 20 世纪加勒

"米奇"飓风横扫了中美洲

比海地区排名第四的强飓风，其中心最大风速达到每小时 305 千米，并且正在一步一步地显现其"杀机"。

在离洪都拉斯海岸 120 千米的瓜纳哈岛上，当时正在旅游胜地度假的人们至今仍然难以忘记"米奇"飓风到来时的巨大声响，就像是一列高速列车从身旁驶过，或者是一架波音客机从头上飞过一样。整整一天，"米奇"飓风的风眼就停留在瓜纳哈岛上空不肯离去，岛上木制房屋全部被毁，停泊在港口的船舶只剩下残骸，电线和电话线全被刮断。洪都拉斯是在"米奇"飓风中受灾最严重的国家，飓风导致境内 50 条河的河水一起泛滥，95% 的农作物被毁，死亡近 7 000 人，1.1 万人失踪，全国近半数人口逃离家园，70% 的基础建设遭到破坏。洪都拉斯时任总统弗洛雷斯说："我们在仅仅 72 小时之内就失去了用 50 年一点点积累起来的成就。"该国的公路、桥梁等基础设施几乎毁于一旦，香蕉和咖啡两项主要经济作物也分别损失 2.1 亿美元和 8 000 万美元。时任农业部长认为，主要粮食作物的生产至少需要两年的时间才能恢复，而香蕉生产的恢复则需更长的时间。经济损失十分惨重，全部损失高达 40 多亿美元。

在尼加拉瓜，这次自然灾害造成的损失，相当于近两年来外商在该国投资的总额。尼加拉瓜境内的灾民人数超过 80 万人，其中死亡或失踪 3 000 余人，近 2 500 幢房屋被毁，71 座桥梁被冲断，全国共有 143 处村镇被洪水围困。

"米奇"飓风是史上最严重的大西洋飓风之一

到 11 月 5 日，"米奇"飓风至少造成 1 万人死亡，另有 1 万多人下落不明，270 万人无家可归，财产损失以百亿美元计，等于使中美洲经济水平倒退了 20 年。"米奇"飓风是近两个世纪以来最大的和最致命的飓风之一。

1992 年 8 月 24 日凌晨，被美国国家飓风观测中心命名为"安德鲁"的飓风呼啸着"光临"美国的佛罗里达州。处于迈阿密公路一侧的国家飓风观测中心的 12 层楼房在"安德鲁"飓风中战栗着，空调器被刮到一边，电线被刮断，楼房里刹那间变得漆黑一团，中心楼顶的雷达天线被刮得不知去向。大约凌晨 5：00，风速计测出此时"安德鲁"飓风的时速为 264 千米。在科勒尔盖布尔斯，"安德鲁"飓风像推土机一样将一幢幢房屋肢解掉。当飓风以时速 274 千米肆虐时，瓦砾不断从窗口飞进室内，房顶被吹翻，滂沱大雨直灌而入，汽车像啤酒罐一样被卷翻过去。"安

"安德鲁"飓风肆虐

德鲁"飓风犹如激光武器，将平日看似坚固无比的建筑物一扫而光。

虽然 20 世纪 90 年代的这两次飓风仅仅是灾害频频的 20 世纪中风灾的个案，但是人们可以从中领略其破坏力。

在我国沿海地区，台风也是一个凶残的"杀手"。

1988 年 8 月，"8807 号"强台风在太平洋西岸生成之后，迅速向偏北方向移动，直扑我国东南沿海地区。在台风形成的当天，上海中心气象台适时发出台风警报，于是，上海做好了迎战台风的各项准备。然而，此次台风却转向浙江沿海地区，于 8 月 7 日 15 时在浙江象山地区登陆，登陆时最大风速达 126 千米 / 小时。8 月 8

"8807 号"台风所到之处满目疮痍

日，登陆后的台风袭击杭州市，导致素有"人间天堂"之称的杭州市遭到 1949 年以来最严重的破坏。数以万计的树木被刮倒，风景胜地西湖边 80% 的树木遭灾。电信、输电线路全部损坏，全市停水停电时间达 5 天。铁路、公路和市内公共交通完全中断，机场航班全部停运，杭州市正常的工作和社会秩序全部被破坏，整个城市几乎陷入瘫痪。此次台风

"9711 号"台风使上海黄浦江水位高起

灾害造成直接经济损失高达 10 亿元。"8807 号"台风除了给杭州市造成巨大损失外，还给浙江省 41 个县市带来了严重危害，320 万亩农田受灾，60 余人死亡，经济损失达 1 亿元。

1997 年 8 月，"9711 号"台风凶猛地扑向上海地区。狂风掀起了风暴潮，引起海水、河水陡涨。此时，正值长江洪水季节

和天文大潮，黄浦江的水位被高高抬起。8 月 21 日凌晨，黄浦江水位高达 5.72 米，仅比两岸 5.80 米的防潮墙低 8 厘米。值得庆幸的是，上海躲过了这一次灾难。

台风不只在我国沿海地区肆虐，有时它还会直扑内陆地区。发生在 1975 年 8 月，死亡达数万人的河南大水灾的元凶就是"7503 号"台风。这次台风非常强劲，扫过沿海地带，直插内陆地区，给河南的淮河流域带来了滂沱大雨，狂风暴雨造成了淮河上游板桥、石漫滩两大水库垮坝，导致洪水泛滥，河南驻马店一带变成了一片汪洋，造成惨绝人寰的灾难。

台风和飓风的能量是十分巨大的。一次台风所释放的能量相当于数千颗原子弹爆发的能量，其破坏力可想而知。人类至今还不能消除台风，但是，人们对台风的预报跟踪的准确性已经很高了。因此，对台风和飓风有没有预警和预防，其成灾和灾害损失也会截然不同。

以台风形成的时间顺序称为"××年 1 号台风"、"××年 2 号台风"……这是亚洲地区使用最普遍的台风命名方式。从 2000 年开始，这种台风名称已经停用，取而代之的是采用亚洲各国的语言为台风命名，可以是星座、动物、水果等的名称，也可以是神话人物的名字。这是由世界气象组织的台风委员会决定，并由日本气象厅公布的。至今已有 10 多个国家向有关部门提出了自己国家给台风起的名字。这些名字各有特色：日本提出的名字都是星座的名称，如"天秤"、"山羊"

浙江岱山水库发生垮坝事故

等；柬埔寨提出的是动物"大象"；韩国喜欢"燕子"；中国提出给台风冠以神话人物的名字，如"龙王"、"悟空"等。如2000年的"1号"台风被命名为"大象"，"2号"台风的名字是"龙王"，日本给"5号"台风冠以"天秤"的名称。各国提出的名字将被循环使用，如果某个台风给人

台风"榴莲"侵袭菲律宾致数千人伤亡

类造成了巨大灾害，考虑到受灾地区人民的感情，该台风的名字将永远停止使用，用新的名字补充进去。如2006年的台风"榴莲"袭击菲律宾，在菲律宾、越南、泰国等国家夺命过千，所造成的经济损失无法估计。之后，"榴莲"这个名字被永久停用，以台风"山竹"来替代之。

知识窗

台风的源地

全球台风主要发生于8个海区。其中北半球有北太平洋西部和东部、北大西洋西部、孟加拉湾和阿拉伯海5个海区，而南半球有南太平洋西部、南印度洋西部和东部3个海区。全球每年平均可发生60多次台风，其中以北太平洋西部海区为最多（占36%以上）。北太平洋西部台风的源地又集中在3个区域：菲律宾以东洋面、关岛附近洋面和南海洋面。在这些海面形成的台风，对我国沿海地区影响最大。

知识探究

在预报台风时，我们经常可以听到"其中心附近的风力在12级或12级以上"这样的解说，为什么不能直接说台风中心呢？难道台风中心不是风力最大的地方吗？

不祥的"圣婴"——厄尔尼诺

自 1997 年以来，厄尔尼诺现象已不再是一个只有气象学家、海洋学家才关注的名词，不同国家、不同地区、不同职业的人们似乎都在谈论厄尔尼诺现象。

"圣婴"的由来

厄尔尼诺现象是指海洋和大气在相互作用的情况下失去平衡而产生的一种气候现象。

厄尔尼诺现象

El Nino 一词源自西班牙语，意为"圣婴"，即上帝之子。"圣婴"的老家在南太平洋的东岸，即南美洲的厄瓜多尔、秘鲁等西部沿海地区。著名的秘鲁寒流就是由南向北流经这里，形成了世界著名的秘鲁渔场，这里每年的鱼类产量曾占世界海洋鱼类总产量的 1/5 左右。但是每隔 2 ~ 7 年，秘鲁渔场便会发生一次由于海水温度异常升高而造成的海洋生物浩劫，即鱼死鸟亡，海兽他迁，渔业大幅度减产。这种现象一般在圣诞节前后或稍后一两个月出现，秘鲁人称此为厄尔尼诺，即"圣婴"。除了在秘鲁西海岸之外，厄尔尼诺现象还曾在美国加利福尼亚、西南非洲、西澳大利亚等地的沿海发生过，只是影响程度小一些，没有引起人们的广泛注意。

引起这一海洋生物灾难的是秘鲁寒流北部海区的一股自西向东流动的赤道逆流——厄尔尼诺流。这股逆流一般势力较弱，不会产生什么影响。

鱼类资源锐减使秘鲁渔船被迫停泊港口

但是，在厄尔尼诺现象发生的年份，它的活力便会增强，在受南美大陆的阻挡之后，掉头流向南方秘鲁寒流所在地区，使这里海水的温度骤然上升 3 ~ 6℃。原来生活在这一海区的冷水性浮游生物和鱼类由于不适应这种温暖的环境而大量死亡，以鱼类作食物的海鸟、海兽因找不到食物而相继饿死。灾难最严重的几天，秘鲁首都利马外港卡亚俄海面和滩地上到处都是鱼类、海鸟及其他海洋动物的尸骸。动物尸体腐烂产生的硫化氢导致海面臭气熏天，海水变色，泊港舰船的水下船壳也渐渐变黑。随着雾气和吹向大陆的海风，硫化氢物质被带向港口附近的建筑物和汽车，把它们的表面涂上一层黑色，就像有人用油漆漆过一样。当地人便把"涂鸦"者厄尔尼诺称为"卡亚俄漆匠"。

"圣婴"作祟灾难频频

厄尔尼诺发生时，由于海水温度的异常升高，导致海洋上空大气层气温升高，破坏了大气环流原本正常的热量、水汽等分布的动态平衡。这一海气变化（海洋和大气的变化）往往会导致全球范围的灾害性天气，该冷不冷、该热不热，该天晴的地方洪涝成灾，该下雨的地方却烈日炎炎，田野龟裂，焦土遍地。

厄尔尼诺导致干旱少雨

据不完全统计，20 世纪出现的厄尔尼诺现象共有 17 次，一般 2 ~ 7 年发生 1 次。发生的季节并不固定，持续时间短的为半年，长的为一两年，强度也不一样。1982 ~ 1983 年那次比较强，持续时间达两年之久，致使赤道中东太平洋地区海水升温最高达 6 ~ 7℃。那一次厄尔尼诺现象对全球造成了严重影响，致使灾害频发，在全世界造成大约 1 500 人死亡和至少 100 亿美元的财产损失。

1997 ~ 1998 年，厄尔尼诺现象再次将全球气候搅得一团糟，其所到之处留下灾痕遍地：

◇ 1997 年夏季，南美洲南部国家连续遭受暴雨、冰雹、大雪和飓风的轮番袭击，有的地方积雪厚达 70 多厘米，突如其来的大雪使不少旅游者被困在安第斯山口。几场滂沱大雨使智利陷入一片汪洋。据智利当局称，这是 20 世纪以来智利遭受到的最严重的暴风雨和洪涝灾害，全国两个星期的降雨量比以往一年的总和还多。哥伦比亚环境部发布的一份报告说，受厄尔尼诺现象的影响，哥伦比亚北部沿海地区

智利遭受严重水灾

平均气温连续数天左右保持在 40℃左右，历史罕见的持续高温导致森林火灾频繁发生。

◇厄尔尼诺现象更令非洲人胆战心惊。东非暴雨频繁、洪水泛滥，肯尼亚、埃塞俄比亚等国饱受洪灾之苦，而南非等地却在经受干旱的煎熬，洪水、干旱使非洲本来就十分薄弱的农业面临更加严峻的挑战。

◇在澳大利亚，农民们任由牲畜在小麦焦枯、凋萎的田里和公路边觅食。据澳大利亚农业和资源经济局估测，因厄尔尼诺现象造成的干旱使该国的农业在 1997 ~ 1998 年财政年度损失了 13.5 亿美元，原定的年产 1 920 万吨小麦的计划也成为了泡影。

◇在亚洲受厄尔尼诺现象影响最大的是印度尼西亚及其邻近地区。印尼的雨季推迟造成了当地长期干旱，使农作物产量骤减并导致水荒，数百人死于因缺少纯净水而引起的霍乱以及饥荒。山民欲垦荒耕作，结果烧荒引起了森林大火，雨季姗姗来迟又使大火肆无忌惮地蔓延。森林大火引起的烟尘不仅笼罩了印度尼西亚本国的 41 座城市，还殃

厄尔尼诺导致印尼发生森林大火

及文莱、泰国、菲律宾等周边国家。呼吸道和心血管疾病患者数量剧增；一架民航班机因能见度太低而在印尼不幸坠毁，机上 234 人无一生还；马六甲海峡也因烟雾笼罩，导致撞船事件不断发生。生态学家将这些称为"国际大灾难"。

◇同前几次一样，这一轮的厄尔尼诺现象也影响到了中国。最明显的表现是它使来自东南部海洋上的夏季风强度减弱，造成夏季降雨带的位置偏南，出现南

印度尼西亚山火导致吉隆坡变烟"都"

方暴雨成灾、北方旱象严重的异常现象。1997 年 6 ~ 8 月，我国北方大部分地区都出现异常高温，北京天气异常闷热。在往年的夏季高温所在地区长江中下游一带，重庆、武汉、南京三大"火炉"却有两处"熄火"。地处北方的山东省等因持续高温，出现了罕见的伏旱，黄河在山东省利津导致断流天数达 222 天，严重影响了工农业生产和人民的生活。与此同时，南方许多地区的雨量大大高于往年。据报道，澳门 1997 年 1 ~ 8 月的降雨量超过了过去 40 年的年平均降雨量；香港的降雨量也打破了有史以来的降水纪录。1997 年 7 月 1 日香港回归那天，持续不断的大雨伴随隆重的交接仪式，令人印象深刻。总的来看，在厄尔尼诺现象的影响下，全国大部分地区冬季的温度比往年高，南涝北旱现象比较明显。

山东黄河利津段断流

然而，"圣婴"也会给人类带来福祉。虽然秘鲁的渔产量降低了，但秘鲁以南沿海地区的鱼类、扇贝和虾类等海产品的产量却大幅度上升。同时，在厄瓜多尔、秘鲁、智利的干旱地区出现的大量降水，使这些不毛之地成为湖泊密布、水草丰美的草原，有利于当地牧业生产的发展。

美国最著名的飓风研究者之一、科罗拉多大学教授威廉·格雷认为，秘鲁海岸之外的厄尔尼诺暖流系统化解了强度会大于平均水平的一次飓风季节，使加勒比海和美国东南部地区的人们在经历了有史以来飓风产生最频繁的两个季节之后获得了一次喘息的机会。当地居民可以暂时休息一阵，不必像往年那样紧急储备食品和淡水，还要检查电筒的电池并且装上防风暴的百叶窗。

谁在助"圣婴"作恶

"圣婴"给人类带来的，毕竟是灾难远远多于好处。究竟是什么造成了厄尔尼诺现象呢？

一般认为，厄尔尼诺现象是太平洋赤道大范围内海洋与大气之间相互作用异常而引起的。在东南信风的作用下，南半球太平洋大范围内的海水被风吹起，向西北方向流动，致使澳大利亚附近洋面比南美洲西部洋面水位高出大约 50 厘米。当这种作用达到一定程度后，海水就会向相反方向流动，即由西北向东南方向流动。反方向流动的这一洋流是一股暖流，即厄尔尼诺暖流，其尽头为南美西海岸。受其影响，

厄尔尼诺现象常发生在赤道东太平洋

南美西海岸的冷水区变成了暖水区，该区域降水量也大大增加。厄尔尼诺现象的基本特征是，赤道太平洋中，东部海域大范围内海水温度异常升高，海水水位上涨。

近年来，一些科学家对厄尔尼诺现象的成因提出了不同的解释。有人认为厄尔尼诺现象的出现可能与海底地震、海水含盐量以及大气环境的变化有关。也有人在对厄尔尼诺与火山爆发之间的关系进行探索后提出，海底火山爆发形成的熔岩流动造成了厄尔尼诺暖流。

20世纪90年代，厄尔尼诺现象出现非常频繁，前5年中有4年都处在厄尔尼诺现象的影响下。时隔两年（1997年7月），新的厄尔尼诺现象又出现了。这表明，厄尔尼诺现象的出现频率有加快的趋势。那么，是谁在助长"圣婴"作恶呢？

"天灾八九是人祸"，肆虐全球的厄尔尼诺现象是否也受到人类活动的影响呢？厄尔尼诺现

海底火山爆发

象频频发生，且程度加剧，是否也同人类生存环境的日益恶化有一定的关系呢？有科学家从厄尔尼诺现象发生的周期逐渐缩短这一点推断，厄尔尼诺的猖獗同地球温室效应加剧有关，是人类用自己的双手，助长了"圣婴"的作恶。当然，要证明温室效应的加剧引起的全球变暖对厄尔尼诺现象是否起了作用，还需大量的科学佐证。但厄尔尼诺现象频繁发生，结果也可能产生一个更温暖的世界。究竟是厄尔尼诺现象引起全球变暖还是全球变暖加快厄尔尼诺现象的发生，已经陷入一个先有鸡还是先有蛋的怪圈。人类想彻底走出厄尔尼诺怪圈，也许就取决于人类自己对自然的态度。

到目前为止，人们对这种飘忽不定、出没无常的厄尔尼诺现象的成因依然是众说纷纭，难以定论，但探索工作已取得很大进展。中国科学院上海天文台的郑大伟课题组，从地球自转的观测中找到了厄尔尼诺现象的规律，引起了国际上的重视。该课题组根据地球自转的变化预报1991年、1993年和1995年3次厄尔尼诺现象，

都获得了成功；1997 年又成功地监测到 20 世纪末的一次强厄尔尼诺现象的形成和发展过程。

面对"圣婴"的挑战

在厄尔尼诺现象面前，人类并非束手无策。各国海洋及气象局对引发世纪性灾难的 1997 ~ 1998 年厄尔尼诺现象进行了及时的预报和预测，并对它的行迹进行监测，不断提供最新研究报告，为有关国家和地区做好防灾减灾工作提供依据。

与此同时，包括中国在内的各国政府都对这次厄尔尼诺现象的出现进行了重点关注，纷纷行动起来，采取防洪抗旱措施，力争把灾害造成的损失降到最低点。

1998 年 2 月 3 ~ 5 日，来自世界各国的 100 多名气象专家聚集泰国曼谷，研讨对付厄尔尼诺的良策。科学家们认为，在预测厄尔尼诺现象方面，人类已取得了长足的进步，不少因厄尔尼诺现象可能造成的灾害得到了较为准确及时的预测，使人类能够做到未雨绸缪。

知识窗

厄尔尼诺现象的影响

厄尔尼诺现象的影响因地区不同变化很大。对居住在印度尼西亚、澳大利亚、东南非的人来说，厄尔尼诺现象意味着干旱和致命的森林大火。而在厄瓜多尔、秘鲁、美国加利福尼亚的人则认为厄尔尼诺现象会带来暴风雨，然后引发严重的洪水和泥石流。而在全世界范围内，强厄尔尼诺现象会造成重大人员伤亡和财产损失。但在美洲东北沿岸的居民认为，厄尔尼诺现象会使冬天变得更温暖，飓风季节相对平静。

知识探究

厄尔尼诺现象是热带大气和海洋相互作用下造成气温异常升高的现象，而拉尼娜现象被称为反厄尔尼诺现象，指太平洋东部和中部赤道海域的水温持续异常变冷，那么这一现象发生时是否也会引起全球性气候异常呢？

地球在"发烧"——温室效应和海平面上升

科学家提出了一个惊人的预言：由于人类的失当行为导致温室效应加强，使地球增温，全球的海平面正在上升！据联合国政府间气候变化专门委员会（IPCC）报告，在 20 世纪的 100 年间，全球海平面已悄悄上升了 10～25 厘米，预测到 2100 年，海平面将再上升 19～95 厘米，全球海平面平均上升 50 厘米。如果这一预言是准确的话，那么到 21 世纪末，将会出现什么情景呢？

温室效应导致冰帽融化

前些年，联合国曾经发出了一个"救救威尼斯"的紧急呼吁，因为意大利威尼斯城正在持续缓缓下沉。如果按威尼斯城目前的下沉速度推算，100 年后这座举世闻名的"水城"就将变成"水下之城"了。

其实，岂止威尼斯城，世界上几乎所有的沿海城市都面临着陆沉的威胁。20 世纪以来，人们相继发现，许多地处沿海岛屿、河口、三角洲平原和大湖之畔的大城市，包括纽约、莫斯科、伦敦、东京、墨西哥城、曼谷、斯德哥尔摩，以及中国的上海、天津和北京等，都在缓缓下沉。墨西哥城自 1900 年以来已经下沉了 9 米。在岛国日本，东京、大阪、长崎和新潟的沉降幅度已达 2～3 米，以致有人把日本列岛比作"太平洋上持续下沉的航空母舰"。可以毫不夸张地说，对陆沉的恐慌已构成当代日本国民内心深处最大的危机感，科幻电影《日本的沉没》就是这种忧患意识的反映。美国加利福尼亚州的一些城镇和地区的下沉也是惊人的，沉降量已高达 9.6 米！

在 21 世纪我们将看到，不仅一些珊瑚礁型的岛国将遭受灭顶之灾，而且沿海一带

威尼斯成了真正"水城"

海平面上升使岛国存在沉没可能

地势平坦的三角洲和河口地区也将被海水吞没，全球沿海地区的海岸线将大大后退。如果海平面上升 1 米，埃及将失去耕地面积的 12% ~ 15%，全国 16% 的居民将无家可归。在孟加拉国，17% 的耕地将变成海滩，全国 9% 的居民将无家可归，实际上，已有很多投资者以抗台风能力不足为由拒绝向该国投资。再如，拥有世界海岸线全长 15% 的印度尼西亚，约 40% 的国土将受侵害，需完成较大规模的居民迁移与安置。美国的陆地面积也将减少 2 万平方千米，损失约 6 500 亿美元。

　　全球海平面上升是河口三角洲地区所面临的威胁之一，而地面的沉降又会加重其威胁。20 世纪 90 年代以来，人们发现，尼罗河三角洲在持续下沉。尼罗河三角洲是埃及的"精粹之地"，首都开罗和第一大港亚历山大都坐落其上，它的下沉非同小可。埃及政府被惊动了，赶紧组织专家学者进行研究。经过实地考察，专家认为，尼罗河三角洲的下沉是由多种因素造成的。首先，与尼罗河上游的阿斯旺水坝有关。水坝堵水，造就了纳赛尔水库，水库拦截了上游来沙，使入海径流中的泥沙减少了。于是，尼罗河口供沙不足，三角洲便发生了内坍、下沉。其次，尼罗河三角洲的下沉与城市过量抽取地下水也有关。抽汲地下水，导致疏松的泥沙沉积层被压缩，造成了地面沉降。最后，尼罗河三角洲的下沉还与世界性的洋面上升有关。

　　无独有偶，中国大陆的长江三角洲和珠江三角洲也正在不断下沉，其主要原因也是地下水被大量开采等。这种沉降以城市为中心，逐步向外围扩展，在部分地区已连接成片，造成大面积沉降，其沉降速率远比海平面上升速率要快。根据中国科学院地学部几位院士的考察论证，在未来的 50 年内，珠江三角洲濒临的南海海平面将上升 50 ~ 70 厘米，长江三角洲濒临的东海海平面也将上升 50 ~ 70 厘米，海平面上升所带来的灾害形势严峻。

　　因此，对于河口三角洲地区来说，陆地的沉降将大大加剧海平面上升的危害。河口三角洲是由河水带来的泥沙等沉积物在河口段淤积、延伸，填海造陆，洪水时漫流淤积，

海平面上升导致海岸受侵蚀严重

逐渐形成扇面状的堆积体。在自然条件下，三角洲地带处于一种动态平衡状态：因河流携带的泥沙的不断冲击，使三角洲不断解体；因河流携带的泥沙的不断沉降，使三角洲不断增大。而人类的一些活动，如灌溉、引水、筑坝等，会大大减少河水携至河口三角洲的沉积物的量。另外，对地下水和地下储藏的石油、天然气、矿物等

科学家模拟海平面上升 20 米后的上海

的开采也会加速陆地的下陷。巨大的人口压力和经济需求已使河口三角洲地区不堪重负，不断加剧的地面沉降和海岸侵蚀将使这些地区的海平面上升速度大大高于全球平均海平面上升的速度。

据联合国专家统计，如今全球 90% 的人口百万以上的大城市和将近一半的人口定居在沿海地区，特别是在河口三角洲。而海平面上升将会对这些地区的居民造成不利甚至是灾害性的影响：低地被淹没为泽国或沼泽地；灾害性风暴潮频率增大；海岸河口产生新的冲淤变化，这些不但影响航道的畅通，还会造成咸潮倒灌和排水、排污困难等等。

陆沉加海侵，对于生活在沿海河口三角洲地区的人们而言，是一个严酷的现实。一些国家已开始采取措施，修筑海堤，以抵御未来海侵所带来的灾难。中国绵延万里的长城一直被世人视为人类历史上迄今为止最宏伟的一项建筑工程，但长城的这一地位也许不久就会被防御海侵的工程即"海上长城"所取代。

世界上没有哪个国家像荷兰那样，同海洋进行着如此积极主动的"抗争"。荷兰有句谚语说道"上帝造人，荷兰人造陆。"荷兰本土陆地的 2/3 都是通过围地向大海争来的。荷兰人是大海的朋友，又以与海奋斗为乐。与海奋斗造就了他们安居的乐土，也造就了他们发达的水利、港口工程等。举世闻名的荷兰三角洲工程就是在 1953 年 2 月 1 日的北海风暴潮之后建造起来的。为了防止未来海平面上升的灾难，荷兰正在建造世界上最大的不锈钢大坝，以备在海水涌来时挡住海潮。此水坝需耗费荷兰

荷兰围海造地工程

荷兰三角洲工程

国民生产总值 60% 的经费。

荷兰科学家还研究出一种防止陆沉的奇特方法。地球化学教授奥勒·斯却林等人提出，用废硫酸灌入石灰岩基底的低洼地，可以把地下的石灰岩（碳酸钙）转变成硫酸钙。由于硫酸钙比同样分子的碳酸钙体积大一倍，所以这一化学变化完成之日就是地面抬高之时。这个设想目前尚在试验阶段。

由于海平面上升与地球升温息息相关，在拟议的众多对策中，首要的措施是限制温室气体的排放量，防止地球升温。这就需要全世界人民通力合作，共同把逸入大气的二氧化碳和氟氯烃有效地控制在最低限度，再加上依靠科技进步，构筑好各种防止海平面上升的"海上长城"，海侵的威胁就会大大减小。

知识窗

温室效应对人类生活的潜在影响

温室效应对人类生活的潜在影响有：（1）对经济的影响。全球近 1/2 人口居住在沿海 100 千米范围以内，其中大部分住在沿海城市区域。所以，海平面的显著上升对沿岸低洼地区、港口城市及海岛会造成严重的经济损害。（2）对农业的影响。全球变暖的结果会影响大气环流，继而改变全球的雨量分布及各地区表面土壤的含水量，从而影响植物生态所需要的地区性气候。（3）对海洋生态的影响。沿岸沼泽地区流失会令鱼贝类的数量减少，河口水质变咸也会减少淡水鱼的品种，相反海洋鱼类品种可能增加。（4）对水循环的影响。全球降雨量可能会增加，但分布极不均匀。此外，温度升高会增加水分的蒸发，给地面水资源的利用带来了压力。

知识探究

金星是一颗美丽而明亮的星球，其大气成分主要有二氧化碳组成，具有典型的"温室效应"，表面温度一般在 460 ~ 480℃。现在地球上也出现了"温室效应"，在已过去的 20 世纪，地球的温度上升了 0.7℃。如果人类仍然无节制地排放温室气体，也许金星的情景就是未来地球的缩影，你认为呢？

大气在恶化——毒雾和酸雨

你听说过伦敦烟雾事件吗？你可知道洛杉矶曾经在风和日丽的日子里发生过"蓝色毒雾"的光化学烟雾事件？你知道意大利的古罗马雕塑为何披上特制的雨衣，埃及的斯芬克斯为何需要重新"整容"？这一切都是毒雾、酸雨在作祟。

1952 年 12 月 5 日晨，伦敦出现了罕见的大雾，雾气中混杂着二氧化碳、煤气以及含有其他化学成

伦敦烟雾事件

分的气体，这些气体像翻过来的锅子一样紧扣在伦敦上空，并持续了四天四夜。这场灾难直接导致 4 000 多人丧生，其后两个月内又有 8 000 多人死亡。这就是震惊全球的伦敦烟雾事件。后来经过科学家的调查研究才发现，正是工厂和家庭燃烧煤排出的大量废气烟雾来不及发散，再加上大气气压较低等原因，引发了这场悲剧。类似的情况在比利时的马斯河谷、美国的多诺拉、日本的四日市等地也发生过。

大量汽车排出有毒尾气

1962 年 12 月初，伦敦和英国中部地区上空被有毒的烟雾云笼罩。这种烟雾对呼吸道疾病患者有致命的危险性。仅 12 月 8 日一天，就死亡 106 人，还有上千人被送进医院。洛杉矶光化学烟雾事件是不同于伦敦煤烟型烟雾的另一种大气污染形式。洛杉矶是美国第三大城市，燃烧石油排出的大量污染物，特别是 400

多万辆汽车排出的有毒尾气，在阳光的作用下，形成了光化学毒雾。1952 年 12 月，洛杉矶爆发的光化学烟雾事件，导致该市 65 岁以上老人中有近 400 人死亡，使许多居民和游客产生呼吸道疾病。直到 20 世纪 70 年代，洛杉矶市还被称为"美国的烟雾城"。光化学烟雾对植物的危害也很严重，美国因光化学烟雾污染造成植物减少的损失达 19.3 亿美元。此外，光化学烟雾还会使家畜致病，建筑物腐蚀损坏。现在全世界的汽车数量越来越多，光化学烟雾的危害也日益加大，在我国的兰州、上海等地都曾发生过光化学烟雾事件。

　　酸雨即呈酸性的雨水，pH 值小于 5.6 的雨水被称为酸雨。人为排放的二氧化硫、氮氧化物等酸性气体进入大气后，在水凝结的过程中溶解于水形成酸，随雨水降下，便形成酸雨。酸雨具有腐蚀性，世界许多古迹都遭到酸雨、酸雾的侵蚀。世界奇迹斯芬克斯是指由完整岩石凿成的狮身人面像，经酸雨的持续侵蚀，使得它的表面

埃及狮身人面像受酸雨侵蚀

变得斑驳，并不断脱落，面目全非；我国北京故宫的汉白玉雕刻、卢沟桥的石狮、重庆的元代石刻也不能幸免于难。酸雨不仅毁坏文物古迹，还会导致湖泊酸化，使大量水生生物死亡；引起农作物大量减产甚至绝收；破坏森林生态，导致动物大批死亡，许多动植物濒临灭绝……怪不得人们将毒雾与酸雨称为"空中死神"。目前，我国酸雨区面积已占全国面积的 40%，成为世界上第三大的集中酸雨区。

故宫汉白玉栏杆受酸雨侵蚀

　　要治服"空中死神"，主要是要减少煤烟等大气污染物的排放量。目前的防治措施主要集中在两个方面，一方面是截断空气中的污染源，另一方面则是寻找新的清洁能源来替代煤和石油。分析表明，烟雾、酸雨中最大的污染物是硫酸和硝酸，所以防治的最有效方法就是

煤烟排放量过多使大气中有毒物剧增

减少二氧化硫和氮氧化物的排放。目前工业生产中使用最多的技术是洗煤技术和烟气脱硫。前者是在煤燃烧前减少煤中硫化物、氮氧化物的含量，通过洗煤工序，通常可使二氧化硫的排放量减少 30% ~ 50%；后者是在煤烟排出烟囱前，喷洒石灰石等碱性物质，达到脱硫脱氧的目的。此外，改进燃烧方式也可以达到控制污染物排放的目的。科学家们还在研制可以装在汽车上的减少废气逸出的装置，探索使内燃机排出物不形成气体的方法。还有，无铅汽油的使用开始推广。

上述这些措施和方法，只能治标而不能治本。要治本，必须寻找污染小或者可以再生、循环使用的能源，即绿色能源。现在人类广泛关注的有核能、太阳能、地热能、氢能等，这些能源又被称为"清洁能源"。使用清洁能源、绿色能源，不仅仅是能源利用本身的一场革命，也是根治空气污染的一个新起点。不过，绿色能源的开发利用需要依赖高科技的发展，需要大量的资金。要真正实现利用新能源，真正减少大气污染，还有很长的路要走。

目前世界各国还是以煤和石油为主要燃料。20 世纪 50 年代，英国、德国等西方国家为了减轻本国的烟雾污染，在国内竖起了数百米高的烟囱，把大气污染物送到高空，有毒烟雾随着大气环流传播到其他国家。原联邦德国鲁尔工业区用高达 243 米的高烟囱向高空排放二氧化硫烟气，这些烟气可以飘移到 2 000 千米以外的北欧上空。挪威和瑞典大气中的硫氧化物有 70% 来自原联邦德国、英国和其他中欧工业国。由于大气污染的扩散和转移，污染责任问题成了国际纠纷的一个焦点。北欧诸国与英国、德国之间关于污染问题的争论毫无结果，美国、加拿大

加拿大受酸雨影响的水域

的酸雨之争更是旷日持久。加拿大东部沉降的硫氧化物，有一半来自美国东部的工业区。其实，我们大家都生活在同一片蓝天下。过去，由于污染源有限，散发到大气中的污染物还能得到有效的稀释和及时的净化。今天，由于排放烟尘与废气的工厂烟囱、居民炉灶和汽车尾气管已遍布全球，每时每刻都在源源不断地向大气中排放烟雾和废气，大气中的污染物早已大大超过大气所能容纳的程度。每1吨新的烟尘和废气的排放，都会使我们周围的大气环境的损害加重一层，大气环境恶化一层。对付大气污染决不能"以邻为壑"，因为转嫁的恶果最终都会危及自身。只有同"球"共济，各自管好头顶一片天，不让烟雾带出有害的硫化物、氮氧化物，同时抓紧绿色能源的开发利用，"空中死神"才能断源，毒雾纷飞、酸雨绵绵的灾害性天气才有望在人类共同的治理中消失。

知识窗

光化学烟雾形成的环境条件

光化学烟雾的形成及其浓度，除直接决定于工厂、汽车等排气中污染物的数量和浓度外，还受太阳辐射强度、气象及地理条件的影响。太阳辐射强度是一个重要条件，太阳辐射的强弱取决于太阳与地球的位置和高度，即太阳辐射线与地面所成的投射角以及大气透明度等。因此，光化学烟雾的浓度要受太阳辐射强度的日变化影响，还要受该地的纬度、海拔高度、季节、天气和大气污染等条件的影响。

知识探究

我国有三大酸雨区域：（1）华中酸雨区，目前是全国酸雨污染范围最大、中心强度最高的酸雨污染区；（2）西南酸雨区，是仅次于华中酸雨区的污染区域；（3）华东沿海酸雨区，它的污染强度低于华中、西南酸雨区。那么，为什么我国酸雨多发生在南方地区呢？

"保护伞"破了——臭氧层空洞

"地球保护层出现了漏洞，
这是走向死亡的先兆，
预示着最后的灾难即将到来
——所有生命都将灭亡。"

——BjornL.O.，1992 年 3 月

这是现代人描写臭氧层空洞的诗句，它向人们揭示了臭氧层空洞对人类的致命危害。臭氧层空洞是 20 世纪以来由于人类活动对地球环境的影响所造成的全球性的问题之一。科学家对热衷于日光浴的人们频频发出告诫：警惕过量的紫外线！据报道，澳大利亚皮肤癌患者大量增加，人们不再随意把自己心爱的宠物带到阳光下散步，农场主们开始为农作物的减产而担忧。越来越多的人谈起紫外线就会说：这是天塌了一个"洞"所造成的，室外的阳光变得不再安全了。

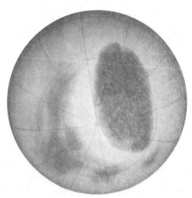

南极上空的臭氧层空洞

中国古代女娲炼五彩石补天的神话已传诵了数千年，补今日臭氧层空洞的女娲又在哪里？

第一个发现天"漏"的人

人们常说，万物生长靠太阳。可是如果太阳光不受任何阻挡直接照到地球上，那么地球上一切生命的产生和延续都将是不可能的。原来，太阳能辐射紫外线，紫外线依其波长从长到短可以分为近紫外线（UVA）、远紫外线（UVB）和超短紫外线（UVC）。阳光中的紫外线辐射量虽然只占太阳总辐射量的 5% 左右，但它对地球生命系统具有很大的伤害力，并且，短波的伤害大于长波。阳光在射向地球的过程中，对生物有危害的 UVC 和大部分 UVB 被一层"保护伞"阻挡在外，只剩下危

害微小的 UVA 和小部分 UVB 到达地面。这层"保护伞"就是地球大气圈离地 20 ~ 25 千米的高空，平流层偏下方的臭氧层。

臭氧在大气中只占百万分之一，即使是在它形成"层"的最密集处，浓度也低于十万分之一。可是这薄薄的臭氧层却是地球生物圈的天然保护

臭氧层是在对流层的顶部

伞，有了它，生命才能萌发，物种才得以大量繁殖，生生不息，逐渐发展成为今日欣欣向荣的生物界。一旦臭氧"保护伞"崩溃，地球将会重新回到无生命的时代。

第一个发现天"漏"了的人是日本科学工作者忠钵和他的同事梶原良一。1982 年 9 月，他俩在南极昭和站的观测活动中偶然发现了臭氧减少的现象。当时，忠钵曾经怀疑过这一观测结果是出自仪器故障或其他原因，结果都没有找到根据。忠钵在 1983 年的日本科学讨论会和 1984 年的希腊国际学术会议上都曾报道了他所观测得到的数据，指出了南极洲上空的臭氧减少这一现象，不过当时并没有多少人注意这件事。

随后，英国南极站的科学家约瑟·法曼等在哈雷湾站也观测到早春时期南极上空臭氧的急剧减少。1985 年，英国南极探测局公布了哈雷湾站从 1980 年初以来发现在南极春季存在臭氧层空洞的资料。这个空洞足足有美国领土那样大，于每年9 月上旬出现，随着南极夏天的到来又慢慢弥合，到 11 月便会消失。1986 年，美国公布了"雨云 2 号"卫星上的紫外线反射散射仪测得的数据，证实了从 1979 年到 1984 年 10 月在南极上空的确出现了臭氧总含量持续减少的现象。如此显著的变化，已超出了由气候引起的变化范围。至此，南极上空的臭氧层空洞才受到了全球关注。同时，人们又发现，似乎北极上空也出现了类似的空洞。臭氧耗损不只发生在冬春季，一年四季都有发生；除热带地区外，世界各地的臭

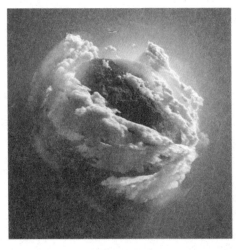

臭氧层被破坏

氧都在耗减。

　　1994 年初，一个名为"芝麻"的国际研究计划，由美国、日本等 21 国联合实施，目的在于研究臭氧层面临的威胁。对北半球研究的初步结果表明，北极上空的臭氧含量确已大量减少，但还没有像南极上空那样形成空洞。

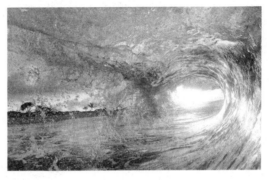

臭氧层空洞不断扩大　海水温度逐渐升高

　　然而，事态还在进一步发展，南极上空臭氧层的空洞还在扩大。1998 年是历史上南极上空臭氧层空洞面积最大、维持时间最长的一年。这一年，南极上空的臭氧层空洞的形成比往年提前了 15 天，而存在时间却比上一年长 2～3 个星期。在连续 100 天的时间里，空洞的面积经常保持在 1 000 万平方千米左右，最大时达到 1 100 万平方千米。9～11 月，南极上空的臭氧层密度比 1976 年以前的平均值减少了近 40%。

　　科学家的研究结果表明，南极上空在 1998 年形成的臭氧层空洞的存在时间比往年长，其影响延伸至 1999 年 1 月。据此，科学家们预计这将引起南半球南部的夏季太阳紫外线辐射量的增加。

　　早在 1992 年 2 月，美国《时代》周刊就指出："危险来自空中照射下来的阳光……它已不仅仅是对我们的未来构成威胁，这种威胁就在眼前。"

揭开空洞形成之谜

　　南极臭氧层空洞的发现使科学家、各国政府及公众普遍感到不安。科学家利用各种工具对臭氧层进行监测，跟踪南极及全球臭氧的变化，积极查寻空洞的成因。原因很快查清了：工业废气、飞机排气、氮肥分解物、氟氯甲烷等大约 1 万种化学气体都能消耗臭氧，其中，破坏臭氧层的元凶就是氟氯烃。

　　最早注意到氟氯烃的是美国加利福尼亚大学的莫林纳（MolinaM.J.）和罗兰（RowlandF.S.），他们于 1974 年在著名的英国《自然》杂志上发表了一篇只有 3 页长的文章，指出人为生产的氟氯烃类化合物会破坏臭氧层。此后，随着人们对臭氧层空洞的研究，许多科学家都认定，大量使用氟氯烃是导致臭氧减少的主要原因。

　　氟氯烃是由人工制造出来的一类含碳（C）、氯（Cl）、氟（F）等元素的有机化合物，其商品名叫氟里昂。因为它具有良好的物理和化学性能，对人体也无害，所以被长期广泛地用作制冷剂、喷雾剂、发泡剂、清洗剂等。20世纪30年代，美国杜邦公司在发明这类物质时，曾被誉为"20世纪最大的发现"。

氟氯烃的化学性质在地面环境中相当稳定，但当它们进入臭氧层后，情况就完全两样了。臭氧层里强烈的太阳短波辐射能使氟氯烃分解，释放出自由的氯原子，

各种类型的氟里昂制冷剂

引发一系列促进臭氧分解的链式反应。有关研究表明，一个氯原子引发的这种链式反应大约可以破坏10万个臭氧分子。在紫外线的不断照射下，这种分解速度超过了氧分子与氧原子结合为臭氧的速度，因而导致臭氧的减少。

1994年9月，英国《新科学家》周刊报道了关于南极臭氧层空洞的最新研究成果：寒冷是臭氧层变薄的关键。在氟氯烃破坏臭氧层的反应中，南极洲作为地球上最寒冷的大陆，其极度低温恰恰起了催化剂的作用，使臭氧层遭到比在其他地区更大的破坏。至此，南极洲上空大面积臭氧层空洞之谜被揭开。

大量使用氟氯烃是高空臭氧减少的原因

此时人们才发现，太阳还是原来那个太阳，它并没有变化。只是地球的天然保护伞"破"了，让有害的紫外线乘虚而入，对地球上的生物构成了威胁。

臭氧减少 1% 之后

臭氧层被破坏后，给了太阳光中的紫外线以长驱直入地球表面的机会。美国航空航天局的一项调查报告显示，全球人口密集区域的紫外线有增加的趋势。

紫外线增加，对人类健康可能有很大的潜在危害，会降低人体免疫系统功能，危害人体呼吸器官和眼睛，诱使慢性病的复发和皮肤癌发病率的增高。科学家目前已证实，臭氧每减少1%，则到达地面的紫外线将增加2%，白内障的发病率将增加0.6% ~ 0.8%，皮肤癌的患病率则增高2% ~ 4%。据报道，靠近南极的澳大利

紫外线增加使日光浴风险增大

亚近几年皮肤癌患者大量增加，年增 10%。在澳大利亚广袤的牧场上，大批牧羊患有短暂的视觉消失症。

过量而长久的紫外线照射还会破坏植物绿叶中的叶绿素，从而影响植物的光合作用，使农作物生长受到限制，质量降低，产量大幅度下降。这种影响可能会导致森林和草原的物种组成发生变化。根据国外文献报道，在对 300 多种农作物的调查中发现，约有 50% 的农作物由于受紫外线中 UVB 的增加而出现生长障碍。另有环境学家指出，由于臭氧减少，紫外线增加，进一步加剧了地球上的温室效应，因此世界上将有 1/4 的植物物种灭绝，1% 的农作物得不到收成。

过量的紫外线能对 20 米深水范围内的浮游生物等造成严重危害，从而破坏海洋的生态平衡。据测算，大气中臭氧含量损耗 16%，将导致浮游生物数量减少 5%，也就等于全世界每年的渔产量减少700 万吨。曾有一个大洋科学组织实地考察后证实，目前南极海洋中的浮游生物已减少了 25%。

过量紫外线照射会破坏蔬菜的叶绿素

臭氧层减薄还会造成地面光化学反应加剧，使对流层臭氧浓度增高，光化学污染加重。中国国家环境质量标准规定，臭氧浓度超过二级标准（即每立方米 160 微克），就可引发光化学烟雾污染。臭氧还能吸收可见光及 9 ~ 10 微米的红外光，使大气层变热。所以，臭氧浓度的变化，还会影响全球的热平衡和气候变化。

为预防臭氧减少引起的紫外线增加对人体的危害，人们采取了各种防御性措施。在户外活动时，戴上有帽檐的帽子对保护脸部皮肤和眼睛特别有效，特别是戴上墨镜，可以很好地保护眼睛。由于儿童的皮肤最容易受紫外线的伤害，日本一些学校要求小学生戴上有帽檐的帽子或太阳镜。

关于农作物的研究课题是，根据农作物的种类，建造防紫外线的玻璃大棚和塑料大棚，对太阳光中的紫外线进行选择性利用。同时，有必要选择更能耐受紫外

大棚蔬菜长势喜人

线的品种并培育新品种。

但是，任何预防措施的效果都不是完全令人满意的，最有效的防护措施就是人类停止对臭氧层的破坏。

令人欣慰的是，科学家们从未停止过对臭氧层空洞的研究，禁止使用氟氯烃的全球行动也已初见成效。美国国家海洋及大气局的报告指出：地球大气中含有的破坏臭氧层的物质已开始减少，臭氧层空洞有望在 21 世纪前期逐步缩小。如果世界各国能够继续加强环保意识，严格控制氟氯烃等有害物质的排放，那么过若干年后，将可得到臭氧层愈合的明显证据。

知识窗

臭氧层的分布

臭氧层各地分布不均匀，世界三极地区即南极、北极和青藏高原气候寒冷，臭氧层微薄。当某处臭氧层中臭氧含量减少到正常值的 50% 以上，就等于在屋顶开了天窗形成了臭氧洞。臭氧洞可以用一个三维结构来描述，即臭氧洞的面积、深度及延续时间。2000 年 9 月 3 日，南极上空的臭氧层空洞面积达到 2 830 万平方千米，相当于美国国土面积的 3 倍。这是迄今为止观测到的最大的臭氧层空洞。

知识探究

臭氧层空洞是大气平流层中臭氧浓度大量减少的空域，会导致太阳对地球紫外线辐射的增强。大量紫外线照射进来，严重损害动植物的基本结构，降低生物产量，使气候和生态环境发生变化。那么臭氧层空洞对人类健康又会造成哪些重大损害呢？

土地在丧失——黑风暴和荒漠化

1935 年 5 月，美洲发生了一场人类历史上空前的黑风暴，黑风暴刮了整整 3 天 3 夜，横扫美国大陆 2/3 的地区。黑风暴所经之处，蔚蓝的天空顿时尘土飞扬，沙土像瓢泼大雨一样从天空倾泻而下，城市、乡村转瞬间昏天黑地。当时的重灾区纽约，白天的光度只有平常的 50%，大气中的沙土尘埃比平时多了 2.7 倍。这次黑风暴从西部草原刮走了 3 亿吨的沙质土壤，仅芝加哥一处，落下的沙质尘土就达 5 000 吨之多。

1935 年黑风暴席卷美国 2/3 国土

1936 年和 1937 年春，北美又先后两次遭遇黑风暴的袭击。黑风暴卷走了沃土肥壤，给美国的农牧业带来了严重的影响，以致引起当时美国谷物市场的波动，冲击了经济的发展。

20 世纪 50 年代以来，黑风暴在地球上有增无减。苏联在 50～60 年代连续遭到黑风暴的袭击。1960 年 3～4 月，在不到一个月的时间里，苏联连续两次受到黑风暴的侵袭，风速达到 43.2～54 千米/小

黑风暴卷起的地膜挂在树上随风飘荡

时。狂风挟带起大量松散的表土，侵袭哈萨克和西伯利亚大草原，经营多年的农庄耕地在几天之间全部被毁坏，许多农庄颗粒无收，甚至与苏联邻近的罗马尼亚、保加利亚、匈牙利和南斯拉夫也是尘雾弥漫，犹如乌云压顶一般。在白俄罗斯和波兰东部，沙粒尘土遮住了太阳，能见度极差，狂风挟带尘沙扶摇直上，黑色的尘埃在山顶形成了黑云，云层厚达 1 500～2 500 米。据统计，1960 年的这两次黑风暴使苏联垦荒地区的春季作物受灾面积达

停泊的车辆覆盖着一层厚厚的沙土

北京频频受沙尘暴侵袭

400 万公顷以上，被刮到天空的沙土总量为 9.6 亿 ~ 12.8 亿吨。

在中国，也曾数次发生黄风暴。1983 年，强沙暴袭击内蒙古，飞沙走石造成交通、通讯中断，11 人死亡，多人受伤，3 万多头（只）牲畜被风沙掩埋。1984 年 4 月 26 日，来自新疆地区的一场沙尘暴突然袭击了陕西关中地区，西安市上空黄沙普降，一片昏暗，即使是白天过往的汽车也都亮着车灯，市民家中的床上、桌上落满了一层厚厚的黄沙。

1988 年 4 月 11 日上午，来自黄土高原和内蒙古高原的强劲风沙再度袭击了北京市，整个京城到处黄沙飞扬，飘浮着的黄土沙尘随着 5 ~ 6 级大风席卷京津一带，几乎覆盖了整个华北平原，并波及东北地区的西部。有专家警告说，如果不解决风沙和水源问题，迟早得从北京迁都。1998 年春夏之交，北京再度风暴骤起，飞沙走石，京城灰蒙蒙一片，能见度极低。这次风沙还越黄河、过长江长驱直下，直捣南方。上海、杭州等地也没有幸免。清早起来，一阵泥雨，给靓丽的城市披上了一件"泥衣"。

黄沙的卷土重来是个危险的讯号。它的频频出现既是我国水土严重流失的必然恶果，同时又是荒漠化灾难即将到来的预兆。面对风沙不断逼近的严酷现实，回顾黄土高原的历史变迁，人们有理由忧心忡忡：在未来的日子里，黄土高原 63 万平方千米深厚的疏松黄土会不会再次大迁徙？它会不会成为我国严重荒漠化的渊源？我国华东、华南的良田沃野会不会被不断东进南移的荒漠化灾难

沙尘致上海成雾霾严重的城市

所吞噬？对此，我们要有一个清醒的估计。

荒漠化灾害，目前已经引起世界各国的普遍关注。据统计，当今全球范围内的沙漠及荒漠化土地的总面积已达 4 882 万平方千米，占全球陆地总面积（约 1.5 亿平方千米）的 1/3，分别相当于 5 个中国（或 129 个日本，或 202 个英国，或 1 183 个瑞士）的国土面积。这是一个相当惊人的数字。更有甚者，目前全球沙漠及荒漠化土地面

荒漠化不断南移

沙化的草原

积还在以年均 5 万 ~ 7 万平方千米的速度向外扩张着，全世界每年因此丧失良田 600 万公顷，平均每分钟便有 10 公顷土地被沙漠蚕食，每年给人类带来的直接经济损失高达 260 亿美元。迄今为止，荒漠化已经威胁到全世界将近 100 个国家，受严重威胁的人口已占世界总人口的 20%。到 20 世纪末，全球已有 1/3 的耕地退化为荒漠化土地，农业损失约 5 200 亿美元。种种迹象表明，荒漠化已经成为一个全球性的重大环境灾害问题。

在世界各大洲中，非洲的沙漠及荒漠化土地面积共约 1 826 万平方千米，居世界首位；亚洲次之，为 1 705 万平方千米；大洋洲则位居第三。非洲是世界上最为干渴的大陆，其特殊的地理位置造就了非洲干燥、高温、少雨的气候条件。而干旱化总是和荒漠化一起出现的：荒漠化促使干旱化，干旱化则加剧荒漠化，两者互为因果。因此，非洲又是世界上荒漠化最严重的大陆，非洲约 1/3 的面积是沙漠。其中，撒哈拉大沙漠是世界上最大的沙漠，面积为 777 万平方千米。目前，撒哈拉沙漠还在以每年 5 ~ 10 千米的速度向南、向东、向西延伸扩展着，在有些地区，沙漠的扩展速度达到每年 30 ~ 60 千米。近半个世纪以来，撒哈拉沙漠已向外推进了 65 万平方千米，地处沙漠周围的萨赫勒地区的十几个国家均深受其害，连年处于荒漠化和旱灾饥荒的双重威胁之下，成为当今世界上干旱化和荒漠化最严重的地区。

我国也是一个长期遭受荒漠化威胁的国家，特别是在北方由半干旱向干旱过渡的"三北"（东北、华北、西北）地区，情况尤为突出。据统计，我国"三北"地区的荒漠化土地面积已达 17 万平方千米，主要分布在内蒙古东部、东北地区西部和黄土高原北部的农牧交错地带，其中约有 5 万平方千米的荒漠化土地是近半个世纪以来形成的。20 世纪 60 年代以来，我国横贯北方 9 省区的万里风沙线上，平均每年沙化面积已达 200 万亩，同时有 213 个县（旗）的 1 亿多亩农田和近亿亩草原受到荒漠化的严

荒漠化已成为全球危机

重威胁。此外，在我国北方现有的 116 万平方千米的沙漠中，就有 39%（约 45 万平方千米）是 1949 年以来沙化而成的。更令人担忧的是，我国的荒漠化进程不仅在"三北"地区有明显加速的趋势，而且近年来荒漠化的步伐还不断地向半干旱、半湿润地区推进，已经逼近许多大中城市，包括首都北京。

我国的自然生态环境很脆弱，生态环境恶化的趋势还没有遏制住。水土流失日趋严重：全国水土流失面积达 367 万平方千米，约占国土面积的 38%；全国每年平均新增水土流失面积 1 万平方千米。荒漠化土地面积也在不断扩大：全国荒漠化土地面积已达 262 万平方千米，并且还以每年 2 460 平方千米的速度扩展。草地"三化"（退化、沙化和碱化）面积逐年增加，全国已有"三化"草地面积 1.35 亿公顷，约占草地总面积的 1/3，并且还在以每年 200 万公顷的速度递增。

知识窗

沙尘暴的成因

沙尘暴是一种风与沙相互作用的灾害性天气，它的形成与地球温室效应、厄尔尼诺现象、森林锐减、植被破坏、物种灭绝、气候异常等因素有着不可分割的关系。其中，人口膨胀导致的过度开发自然资源、过量砍伐森林、过度开垦土地是沙尘暴频发的主要原因。沙尘暴作为一种具有巨大破坏力的自然现象自古便有。但在远古时期，不管沙尘暴的强弱如何、破坏力多大，也只不过是自然力对自然物的破坏，是地球上地质作用的一部分，谈不上灾害；而进入人类历史时期后，沙尘暴的巨大破坏力对人类生活和生产的极大影响使其成为一种自然灾害，且随着人类生活与生产的发展，沙尘暴形成频率和强度也将有所提高和增强。

知识探究

沙尘暴可谓臭名昭著，特别是近几年来，"声讨"它的声音越来越强。黄色的天空中无数大小不一的沙尘团在交汇冲腾，使空气变得混浊，能见度急剧下降，这已成为我国北方部分地区一景，甚至成了部分南方学子不愿到北方求学的理由。沙尘暴真的那么可怕吗？有许多科学家认为，对地球而言沙尘暴是不可或缺的，你的想法又如何呢？

可怕的生物"炸弹"——蝗灾在露头

在各种类型的虫灾中，蝗灾是最骇人听闻、破坏性最大的一种。在人类历史上，蝗灾常与水灾、旱灾相间发生而成为危害人类的三大自然灾害之一，它对农业、牧业甚至林业均可造成毁灭性的破坏，有生物"炸弹"之称。据估计，目前可怕的蝗虫灾害正威胁着全球 4 680 万平方千米的地域，全世界约 1/8 的人口受害。

蝗群所到之处寸草不生

1978 年，美国的科罗拉多、得克萨斯等州发生了较大的蝗灾，蝗群占据了许多农田和牧场，为防止飞行中的蝗虫被喷气式飞机吸进引擎而发生不幸的空难事故，这几个州的机场被迫关闭。1979 年，美国密苏里河西部 14 个州的约 160 万公顷牧场以及大片庄稼地被蝗群覆盖，牧草、庄稼被吞食。

1984 ～ 1985 年，美国西部 12 个州又相继发生严重蝗灾，有的地块甚至在不到 1 平方米的面积内就有几百只蝗虫，大批农作物被糟蹋，仅爱达荷州的这一个农场在 1984 年就损失了 1100 万美元，1985 年损失金额更是成倍增长。

1985 年，非洲大陆在持续了十多年的大旱之后喜逢甘雨，农业生产终于迎来了难得的丰收。然而好景不长，1986 年雨季过后，刚刚从大旱和饥荒中复苏过来的非洲，突然又面临着半个世纪以来最严重的蝗灾。喜爱潮湿的蝗虫在久旱逢雨的

美国发生严重蝗灾

蝗灾正在马达加斯加肆虐

有利条件下迅速滋生繁殖，在非洲的西部、东部和南部同时泛滥成灾，在十多个国家猖獗多年。其中最大的蝗群起落的覆盖面积可达 20 多平方千米，每平方千米汇聚有 400 多亿只蝗虫。它们群起迁飞，能不停顿地连续飞行 17 个小时，每天以 100～150 千米的速度辗转夺食，吃掉近 2 亿千克的庄稼和其他植物。

1986 年 9 月 26 日上午，亿万只红色、灰色蝗虫飞越苏丹首都喀土穆时，声如闷雷，铺天盖地，天空昏暗达 90 分钟之久，把整个太阳都遮盖住了半个小时，令人感到如"世界末日"来临一般的恐怖。

蝗灾不仅在非洲有卷土重来之势，在我国也有重新抬头的危险。我国自古以来就深受蝗虫肆虐之害，从公元前 707 年到新中国成立前夕，见诸史籍的重大蝗灾共计 800 余次，平均每 3 年 1 次或每 5 年 2 次，多次造成"饿莩载道，赤地千里"的惨象。1949 年之后，我国的蝗灾虽一度得到有效控制，但自 1978 年以来，由于部分地区大涝大旱的频频出现，蝗灾也接踵而至。1985 年秋季，天津市北的大港水库因脱水而滋生高密度的蝗群，将 10 多万亩芦苇叶一扫而光，随后起飞南迁，蝗群由南至北长 100 多千米，由东至西宽 30 多千米，降落到河北省后波及面积达 250 万亩。这是新中国成立以来第一次群居型东亚飞蝗的跨省迁飞。1987 年，海南岛西南地区发生历史上罕见的蝗灾，累计蝗灾面积 76 万亩，危害甘蔗、水稻面积 29 万余亩，损失约 867 万元。同年，陕西省与河南省发生的蝗灾面积亦分别达 100 多万亩和 80 万亩。值得注意的是，20 世纪后期，我国的蝗灾具有明显回升和蔓延的趋势。据有关方面统

蝗虫啃食农作物茎叶毁坏庄稼

计，1988 年的蝗虫数量相当于 1987 年的 100 倍。除了甘肃、四川、山西、河南、新疆、内蒙古等省区蝗情从未间断过外，目前的蝗灾还波及华东、华南各省区。仅江苏泗洪县，1988 年就发生稻蝗面积 20 多万亩，致使水稻减产 300 万~500 万千克。山东省 1989 年 1~5 月土蝗致灾面积比上年同期增加了 300 多万亩。1998 年，我

造成我国蝗灾的主要是东亚飞蝗

国普遍发生洪涝灾害，而华北平原、甘肃、新疆、广东西部等局部地区却旱情严重，赤地千里。干旱灾害之后，必有蝗灾。新疆、甘肃地区的大片农田作物被飞蝗一扫而光，且有蔓延之势。这就迫切需要我们采取有效措施，迅速阻止蝗灾在我国的进一步蔓延。

知识窗

蝗灾形成的自然条件

人们很早就注意到蝗灾往往和严重干旱相伴而生。中国古书上就有"旱极而蝗"的记载。蝗虫喜欢温暖干燥的气候，干旱的环境对它们繁殖、生长发育和存活有许多益处。因为在干旱年份，一方面地面植被稀疏，蝗虫产卵大为增加；另一方面，干旱环境下生长的植物含水量较低，蝗虫以此为食，生长较快，繁殖力极强。此外，全球变暖，尤其冬季温度上升，有利于蝗虫越冬卵的增加，为第二年蝗灾的爆发提供"虫卵"。

知识探究

蝗虫是一种不完全变态的昆虫种类，也就是说其成虫和幼虫的形态和生活习性基本相似，形态并无太大差别，只是幼虫体型较小，生殖器官未发育成熟，翅未发育完全。那么，类似这种不完全变态的昆虫种类在昆虫界还有哪些呢？

大地在颤抖——地震

地震是经常发生的自然灾害，地球上每年大约发生 500 万次地震，其中人们能感觉到的只有 5 万多次，破坏性地震仅有 18 次。但是，地震一旦发生，就会给人类带来巨大的伤亡和财产损失。在所有的自然灾害中，地震是对人类生存威胁最大的一种灾害。在全世界所有的自然灾害造成的人员伤亡中，地震灾

地震造成屋毁人亡

害占了一半以上。初步统计，1949 年～1999 年，我国自然灾害造成的死亡人数是 55 万人，而地震导致的死亡人数就有 28 万人，也是一半以上。世界地震史上，一次死亡 20 万人以上的有 4 次，都在中国，其中两次发生在 20 世纪的 100 年里。

20 世纪，是一个震灾频频的世纪。

旧金山大地震拉开了 20 世纪震灾的序幕

1906 年发生的旧金山大地震

1906 年 4 月 18 日，位于东太平洋沿岸的美国加利福尼亚半岛上发生了一次里氏 8.3 级的特大地震。

拂晓 5 时 12 分，东边海湾上空晨曦微露，街头路灯未熄，人们大多还沉醉在寂静的梦乡，一场大地震从 200 英里（英里 =1.609 千米）外的海底深处悄悄"爬"上了岸。大地突然震动起来，教堂狂乱的钟声、房屋倒塌的轰响……天崩地裂般恐

怖的声波交混回响，惊心动魄。这是旧金山市有史以来最大的灾难降临了。

天旋地摇，人好像被筛的米糠，没有一个地方可以站稳。楼房纷纷倒塌，第一批受难者倒在混凝土墙体和楼板下。经过大约 10 秒钟的片刻平静，紧接着又是一次更强烈的震动，持续了约 25 秒钟，之后便是一连串余震，把许多经过初震变得摇摇欲坠的房屋彻底推倒了。1 分钟内，旧金山市完全改变了面貌：房屋倒塌，街面变形、开裂，电车路轨扭曲，自来水管、煤气管道破裂，电线被扯断，到处触电起火，到处喷水。

20 世纪初，旧金山城市建筑物中砖木结构的很多。地震发生时，烟囱倒塌、火炉倾翻、油库爆炸，霎时有 50 多处地方同时起火，全城陷于烈火浓烟之中。消防队和军队一起出动灭火。可是，地震破坏了大部分自来水系统和消防站，消防车接不到水源。消防人员只好从沟渠、水塘和水

旧金山地震后房屋倒塌、街面变形

井里抽水灭火。然而火势并没有被控制，反而越来越猛。军队企图在市内用炸药爆破出一条防火带，也未能成功。大火持续燃烧了三天三夜，最后，百折不挠的军队在靠近大火边缘的地段，终于炸开一条隔离带，才止住火势的蔓延。

地震加大火的灾难给旧金山造成了巨大的损失，全城 2.8 万幢房屋付之一炬，6 万多人丧命，10 多

圣安德列斯断层

万人无家可归，财产损失达 5 亿美元。

旧金山地震的"罪魁祸首"是圣安德列斯断层。这条断层南起墨西哥的加利福尼亚湾，向西北美国境内延伸，到旧金山北面的门多西诺角入海，大体上与太平洋海岸平行，总长 1 050 千米，正是太平洋板块和北美板块的结合部。最近 100 年来，该断层发生过 6 级以上的大地震 26 起，素有"地震之乡"之称。这次灾难就是圣安德列斯断层大错动的结果。震后，只见旧断层部位出现了一条 435 千米长的破裂带，东北侧下沉 0.9 米，南方位移 6.3 米。另有一条新断层从干线分支，穿过旧金山市区，呈东北—西南走向伸入海中。

如今繁华的旧金山是在灾难后重建的新城，在城市附近，还保留着一处"1906年大地震遗迹"。山坡上两道栅栏中间树着一块大木牌，牌子上画着一条粗线，两侧的箭头上分别写明"太平洋板块"、"美洲板块"。地上芳草萋萋，树木茂密，并无异常景象。那里的导游会给你指点奥秘：这条栅

旧金山1906年地震街景

栏本来是连在一起的，1906年的地震把它错开了，一分为二，成了相距4.88米的两条短栅栏。移位处并未见到深沟，但岩石破碎，与两侧正常岩层明显不同。

东京再遭厄运

日本是世界上地震频发的国家之一，发生在日本的地震大约占全世界地震总数的1/10。深受地震之苦的日本人民，从明治（1868～1911年）初期就引进西方科学技术开展地震的研究，其中最著名的学者是关谷清景、大森房吉和今村明恒师生三代。大森房吉创制的大森式地震仪至今仍在世界各地许多地震台运转着。他的学生今村明恒在1905年根据多年调查测量，在日本地震界的一次学术会上慎重预言：关东地区的相模滩中将会发生大地震，将有10万之众葬身瓦砾和火海。当时今村明恒遭到了他老师、学术权威大森房吉和社会舆论的严厉斥责，他的处境变得十分晦暗惨淡。然而，真正不幸的是，18年后，他的预言变成了现实。

1923年9月1日，星期天，中午时分。以横滨—东京为中心的广阔都市区的人们沉浸在一片繁忙之中。11时58分，伴随着一阵方向突变的怪风，地下发出雷鸣般的恐怖的响声，大

东京大地震后的城市废墟

地剧烈地摇晃起来，建筑物纷纷坍塌，到处起火，海浪滔天。一场里氏 8.3 级的大地震发生了，之后又是延续三个半小时的强烈余震。大地震摧毁了东京、横滨两大城市和许多村镇，死亡、失踪 142 807 人，受伤 103 773 人，死亡人数比持续 19 个月的日俄战争的死亡人数（13.5 万人）还多；财产损失达 28 亿美元，比

地震后城市街道被倒塌房屋堵塞

日俄战争的损失还大 5 倍。东京的死伤人数最多，死亡 71 069 人。这是现代史上，除我国海原地震和唐山地震之外，伤亡人数最多的一次地震。

地震骤起时，东京的许多市民正在做午饭，或正在进餐而炉灶未熄。突然间，炉灶翻倒，板壁倒塌，火星乱飞。由于化学药品、爆炸品、油库燃烧和煤气管道破裂等原因，全市 178 处同时起火。这一古老城市的许多街道都很窄，大街干道又被倒塌的瓦砾和熊熊烈火堵塞，消防车寸步难行，再加上自来水管断裂，即使进入火场也无水可接。消防人员徒步奔入火场，千方百计从水沟、水井中抽水，但杯水车薪，无济于事。一切救火手段均无用处，大火一连烧了三天三夜，全城死难者中，80% 就这样惨死于震后的大火之中。全市损毁的房屋，2/3 以上化为灰烬。

火灾尚未停息，海啸引起的巨浪又接踵而来，猛扑相模滩沿岸，摧毁了所有船舶、港口设施和近岸房屋，卷走打碎 8 000 艘船只，淹死 5 万多人。东京、横滨、横须贺等大小港口均告瘫痪，多年不能恢复。

地震还诱发了滑坡、泥石流，造成一幕幕惨绝人寰的景象。

地震引起海啸摧毁近岸房屋

这场地震的震源在相模滩大岛附近海底，位于东经 139° 17′，北纬 35° 22′。海底地壳大规模升降，并顺时针方向旋卷，结合部骤然断裂，最大垂直位移 100 米；关东地区陆地东南方略有隆升，西北方下沉（最大沉降 1.6 米）。大岛附近海底沉降 100 多米，并向北移动了 4 米；馆山附近海

东京临海広域防灾公园

底隆起，向东南方向移动了 3 米；海底电缆被拉断。如此突然的大规模地壳活动，自然产生了毁灭性的地震。

日本人从这场大灾难中认真吸取了教训，他们在东京旧址上重建新城时，注意加宽街道，根据抗震要求设计消防体系，并制订了房屋抗震的许多设计方案。同时注重地震研究，特别是地震的预测预报；加强防震抗震知识的宣传教育，每年在法定的 9 月 1 日"防灾日"组织防灾演习。国土厅则在东京临海的工业区建成了一个可容纳 10 万人的广场，内设可储 3 万人食品的仓库，以便地震时疏散人口。

唐山在大地震中化为废墟

震魔也从未放过多灾多难的华夏大地。中国地处世界上两个最大的地震集中发生带——环太平洋带和喜马拉雅—阿尔卑斯带之间，因此地震频度高、强度大。1976 年的唐山大地震是 20 世纪以来我国发生的最惨烈的一次地震。

1976 年 7 月 28 日，盛夏一个宁静的后半夜，街道上几乎不见行人。突然间，强烈的地震在距地面 16 千米处的地壳中发作，唐山上空地光闪闪，地声隆隆，狂风呼啸，天崩地裂。在猛烈的震动中，房屋倒塌，地面开裂，铁轨扭曲，桥梁道路坍陷，水坝开裂，矿井涌水被淹，农田喷沙冒水，工业重镇唐山市顷刻间化为一片废墟。大震刚止，余震连连，10 万名军人，3 万名医务人员，2 万名干部，3 万名建筑工人，冒着余震的危险进入现场抢救伤员。一场规模空前的救灾工作在党中央的统一部署下迅速展开。

这次地震为里氏 7.8 级，震中烈度 11 度，是20 世纪以来我国华北地区

唐山市大地震后城区一片破败景象

烈度最大的地震之一，也是世界现代史上伤亡人数最多的一次地震。唐山市死亡人数 14.8 万人，重伤 8.1 万人，共占当时全市人口的 21.6%。包括天津市、北京市、唐山市郊县在内的京津唐地区，共死亡 24.2 万人，重伤 16.4 万人，比 1923 年 9 月 1 日日本关东 8.3 级大地震死亡

唐山大地震使车间厂房化为废墟

人数还多 10 万人。唐山地震的震级比日本关东及中外许多地震都要小，为什么伤亡人数反而更加惨重呢？原来，历史上的唐山市未曾有过里氏 7 级以上大地震的记录，震前的唐山是一座对地震"不设防"的城市。这一次震中在唐山市内，周围又是我国的政治经济中心区，城镇密布，人口集中，自然伤亡巨大。

唐山地震倒塌的房屋

唐山地震是有过中期预报的。1976 年初召开的年度地震会商会上，曾估计唐山—辽西地区有发生里氏 5～6 级地震的可能，并建议加强该地区的防震工作。5～6 月，河北省地震局曾派出唐山地震工作小组一行 6 人赴唐山调查，但调查未果就在地震中遇难了。

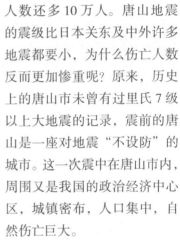

唐山大地震遗址荒草丛生

唐山临震预报失败的原因很多。首先，地震预报是人类至今尚未攻克的难题，加之始于1966年邢台地震的中国地震预报尚未成熟，对地震的孕育和发生成因还缺乏规律性的认识。而且，京津唐地区是我国经济发达、人口稠密的地区，又是国家的政治中心，没有十分把握和有力证据不能贸然发布震情和预报。在当时特定的历史背景下，地震预报具有十分敏感的社会效应，政治、社会因素也对地震预报的正常工作产生了一定的干扰和影响。再加上唐山地震的类型既不同于之前的邢台和海城地震，又无明显的震前的前兆，临震预报的难度也是比较大的。

凤凰涅槃新唐山

唐山地震的漏报说明了临震预报的特殊性和难度，使地震工作者从他们对1975年海城地震预报成功的盲目乐观中清醒过来，但也不能因此而全面否定地震工作者所取得的成果和付出的艰苦努力。事实证明，国家地震局对1976年华北京津唐地区可能发生地震的形势判断是准确的，只是"临门一脚"的功夫还不到家。

唐山大地震后，某些西方报纸预言："唐山将从中国的地图上抹掉。"可是仅仅过了短短5年，西方对从废墟中崛起的新唐山又有了这样的评价："中国的制度对天灾有特别强大的抵抗力。"

1985年7月，在纪念唐山大地震10周年之际，一座雄伟的纪念碑在唐山市中心广场树起。碑文如实记述了大地震的前前后后，其中有关重建唐山的段落如下所述。

"自1979年来，唐山重建全面展开，国家拨款50多亿元，集设计施工队伍达10余万人，中央领导也多次亲临指导。经数年奋战，市区建成1200万平方米居民住宅，600万平方米厂房及公用设施。震后新城，高楼林立，通衢如织，翠阴夹道，春光融融。广大农村也瓦舍清新，五谷丰登，山海辟利，百业俱兴。今日唐山，如劫后再生之凤凰，奋翅于冀东之沃野。"

人类在地震中学会抗震

虽然人类社会的文明在飞速发展，但在20世纪的最后20年里世界各地的地震依然不绝。1988年，苏联亚美尼亚发生里氏7.0级地震，死亡2.5万人；1989年，美国旧金山发生里氏 7.1 级地震，死亡 67 人；1990 年，伊朗发生里氏 7.3 级大地震，5 万人丧生；1993 年，印度大地震中，近 3 万人丧生；1994 年，美国洛杉矶发生里氏 7.0 级地震，死亡 51 人；1995 年，日本阪神发生里氏 7.2 级大地震，6 000 余人丧生……

　　人类就在这一次次震

1990 年伊朗大地震人员伤亡惨重

灾之后，痛定思痛，逐渐了解地震，学会抗震救灾。

　　在生产力低下的古代，地震这一自然现象在人类眼中是神秘莫测、极其恐怖的。中国是世界上最早用文字记载地震的国家，2 000 多年前的《史记》中就有这样一段话："夫国必依山川，山崩川竭，亡之征也。"地震被当做一个国家命运的征兆。古代日

古代传说中的圣鳌鱼

本广泛流传的说法是：太阳女神对在位天皇的统治不满，下令让海底的圣鳌鱼摆动它巨大的背脊，这便是地震的缘由。

　　直到近代，地震神秘莫测的面纱才慢慢被揭开。在 1880 年日本横滨大地震后，美国哥伦比亚大学的尤因教授根据东京附近的地震观测结果，将

板块挤压产生地震致使路面撕裂变形

地震传播的振动波分为纵波和横波，它们的综合效应导致了地面被破坏。1906年美国旧金山大地震后，美国学者吕德根据对圣安德列斯断层的详细研究，提出了著名的地震成因学说——弹性回跳说，即地壳内部逐渐积累的应力，突然由于断层断裂而释放出来，就造成了地震。20世纪70年代初期，科学家又从板块结构学说的角度认识到，地震是各板块之间互相挤压或碰撞的结果。进一步的研究发现，这类构造地震占全球地震总数的90%以上。除构造地震外，还有因火山爆发引起的地震，约占地震总数的7%。此外，采矿、水库蓄水、地下核试验、朔望日等都能诱发地震。

张衡与候风地动仪

人类对地震的观测很早就开始了，由我国东汉科学家张衡发明的世界上第一台地震仪——候风地动仪应该算是地震预测方面第一项杰出的成就。然而，人类对地震的预测预报一直到近代才开始，且一直举步维艰，成效有限。

1975年海城地震预报成功，使中国的地震预报事业一度举世瞩目，但紧接而来的唐山大地震的突然爆发又使地震预报陷入低谷。

20世纪90年代，创立了3年的美国帕克菲尔德地震预报实验场在连续两次失败之后，于1993年关闭了预报窗。一度雄心勃勃的美国人对地震预报不再抱有希望，转而把主要的研究放在抗震和救灾上。

1995年1月17日，洛杉矶大地震周年纪念日，日本历来少震而不设防的关西地区又爆发大地震。地震的声东击西、神秘莫测再次增加了人们的恐惧绝望的心理，也令原本就悲观失望的科学家受到了沉重的打击。

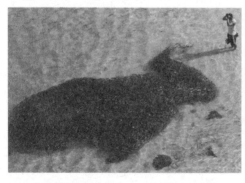

地震发生的可能前兆——海滩现巨型鱼群

在1997年3月14日的《科学》周刊上，美国地球物理学家罗伯特·盖勒和几位同事联名发表了一篇《地震无法预测》的文章，断言地震是无法预测的。盖勒的观点也许失之偏颇，但客观地说，到目前为止，人类的确还无法对地震进行完全准确和及时的预测。

地震预测是世界公认的科学难题。它的困难在于，人类对地球内部的探测能力还相当有限。上天容易入地难。人类可以登上月球，航天飞船也能在太空自由飞翔，但用现代科技装备钻探到地面 10 千米以下就有难度了。

今天的地震预报大都靠积累的经验来进行推测和判断，如强震前地（表）应力的变化、大气中的次生波、大地的微振动和动物的异常表现等等。从各国地震预测的实践来看，人们极其希望找到一些必然性的地震前兆信息。遗憾的是，至今尚未找到任何一种预兆现象可以在所有地震之前必被观测到，并且一旦出现这种征兆必会发生大地震。

然而，人类在地震面前也并非束手无策。在目前尚不能完全准确和及时预报的情况下，同样可以努力防止或尽量减少地震所造成的损失。

频频发生的震灾告诉人们，地震本身很少会造成危及生命的伤害，人员的伤亡主要是由于地震对建筑物的破坏而造成的。因此可以通过加强建筑物的安

轻钢结构抗震节能型房屋

全可靠性来避免或减少这一类损失。1989 年，美国旧金山发生里氏 7.1 级地震，死亡人数仅数十人，而 1988 年，苏联亚美尼亚发生里氏 7.0 级地震，死亡人数高达 2.5 万。两者之间差别巨大的原因就在于，美国有世界上最严格的且不断更新的建筑标准。因此，建筑物只要改进设计并遵循严格的标准施工，必能抵御极具破坏性的大地震。同时，城市高楼林立、高人口密度的发展模式也值得人们反思，在地震活动带应该适度控制大工业、大城市的过度膨胀。

伴随地震而来的次生灾害往往比地震更可怕，但随着科学技术的发展和生产力的提高，人们一般也可以在短期内将次生灾害对人类生命的威胁降到最低程度。

美国房屋多为高抗震的木结构或轻钢结构

唐山大地震正值夏季，气温高，雨水多，瘟疫随时有可能爆发。中央抗震救灾领导小组采取了一系列紧急对策，使唐山安然度过了灾后传染病的爆发期，使其间传染病发病率比常年还低，这被国外报道称为"人间的又一大奇迹"。如今，精心设计供水系统，并在普通供水系统之外建立单独的辅助高压消防系统，这已成为地震中心城市抗震防灾的一个重要方面。

阪神地震使高架道路遭受严重破坏

来自地震之国日本的经验说明，对于频发的地震，人们除了准确的预测预报地震之外，只要平时加强防御措施，有"处震不惊"的国民和组织有序的社会，灾害的损失也是可以减少的。1995 年 1 月 17 日的阪神里氏 7.2 级大地震，发生于清晨 5 时 46 分，死亡 6 055 人。这样强度的地震若发生在一个没有抗震经验和抗震能力的国家，死亡人数完全可能达到数万甚至数十万。

据地震专家报告，目前我国正处于自 20 世纪以来第五个地震活跃期的高潮阶段，有可能会发生数次里氏 7 级或 7 级以上的强震，震灾形势十分严峻。然而，历史在发展，人类在进步，中国不会让类似唐山地震的悲剧重演。

尽管我们无法断定整个 21 世纪会不会发生更剧烈、更频繁的地震，且临震预报也还不能达到准确和及时的程度，但人类抗震救灾的能力肯定在不断加强，因此我们没有理由对未来的地震持恐惧和悲观的态度。

知识窗

地震的时空分布

从时间上看，地震属于活跃期和平静期交替出现的周期性现象，两者间隔为 100～200 年。从空间上看，地震的分布呈一定的带状，称地震带。大的地震带有：环太平洋地震带、地中海—南亚地震带、海岭地震带和大陆裂谷系地震带。太平洋地震带几乎集中了全世界 80% 以上的浅源地震（0～70 千米），全部的中源（70～300 千米）和深源地震，所释放的地震能量约占全部能量的 80%。

知识探究

地震前兆通常是在众多的震前异常现象中去寻找的，迄今已观察到震前异常现象有：小震频发、地壳形变、电磁场异常、动物习性反常、地声地光等。由于这些异常与地震间关系并不是一一对应，所以并非必然是地震前兆，而只是可能的地震前征兆。除了上述的震前异常现象外，还有哪些现象你认为可能是地震前兆呢？

"魔鬼的烟囱"——火山爆发

与地震一样，火山爆发也是一种具有很强破坏力的自然灾害，常被人们形象地称为"魔鬼的烟囱"。迄今为止，火山爆发仍是人类尚未征服的一种天灾。据不完全统计，目前全世界共有516座活火山，其中有的处于预喷发状态，多数则处于半休眠状态。这些活火山平时貌似寂静，往往会悄然沉睡数十年甚至上百载，然而一旦爆发则威力无穷、势不可挡。

火山时刻孕育着爆发

古往今来，火山爆发给人类带来了惨重的灾难，也严重影响了生态环境，公元79年8月，位于意大利南部那不勒斯市东南10千米的维苏威火山发生大爆发，熔岩滚滚奔腾而下，很快把附近的庞贝、赫尔库纳姆、斯塔比奥三座城市全部湮没。直到16世纪，人们才发现了庞贝遗址。从18世纪起，考古学家开始发掘庞贝城的遗址，直到现在，发掘工作仍在继续中。随着发掘工作的扩大和深入，人们不难想象当时发生在庞贝城的悲剧是何等的惨不忍睹。其实，在世界历史上，发生这样悲剧的远不止一个庞贝城。

维苏威火山远眺

20世纪的第一次火山喷发肇始于1902年5月8日。这是一个星期五的早晨，位于中美洲小安的列斯群岛中的马提尼克岛上的培雷火山突然爆发了，喷出的滚滚烈焰挟带着巨量的炽热火山灰在3分钟内如飓风般地沿山坡推进了6 437米，地处山麓的港口城镇圣皮埃尔顿时变成了一片烟与火的海洋，转瞬间即被烈焰吞没了。全镇3万～4万名居民中除了两人奇迹般地逃出外，全部

培雷火山喷发的烟柱

丧生火海之中；停泊在圣皮埃尔港的17艘船舶也一并蒙难，只有1艘英国轮船侥幸逃脱。

1962年1月10日，位于秘鲁瓦斯卡兰山的安迪火山发生爆发，炽热的岩浆滚滚涌溢并引发了局部山崩，致使山麓的316座村庄毁于一旦，3 000余人被熔岩和土石埋葬。

1984年10月13日深夜，位于南美洲哥伦比亚托利马省的鲁伊斯火山突然爆发了。坐落在距离山麓50千米远的阿梅罗镇的全部建筑物连同2.5万名居民，顷刻间被泥石流吞噬。次日清晨，前来救援的直升飞机从空中俯瞰灾区，只见整个阿梅罗镇都坍塌在一片熔岩之中，一座高约40多米的大教堂唯有尖顶露在"石滩"之上隐约可见。风光旖旎的阿梅罗镇从此便从地图上被抹去了。1987年6月13日，这座活火山又再次喷发……

印度尼西亚的活火山总数达到129座，是世界上活火山最多的国家。专家认为，印度尼西亚地处环太平洋火山带，处于太平洋板块、印度

哥伦比亚鲁伊斯火山喷发

洋板块、印度—澳大利亚板块与大陆板块的交界处，板块之间的相互作用是地震发生的根本原因。就在这个交界区域，某些地壳物质因受炽热的地热影响而熔化，这些熔化物质向上冒，并喷出地表而发生了新的火山爆发。这就从理论上说明了为什么印度尼西亚的火山活动如此频繁。

印度尼西亚默拉皮火山喷发瞬间

20世纪90年代印度尼西亚人口约19375万，每平方千米人口密度高达102人，每一次火山大爆发都将不可避免地造成人员的重大伤亡。在众多活火山中，专家认为，位于爪哇中部的默拉皮火山最具潜在的威胁，它是世界上最危险的火山之一。在过去的1 000年中，默拉皮火山爆发过约

2006年默拉皮火山再次喷发伤亡严重

50 次；它在 19 世纪的中前期曾频繁喷发，每一次大爆发都造成严重的灾难。尽管自 1867 年以来它没有大的活跃，但科学家一直以警惕的目光监视着它。默拉皮火山位于日惹市以北 32 千米处，日惹市正在逐渐发展为有百万人口的大城市。如果默拉皮火山大爆发，并向南溢出大量的熔岩，那么日惹古城将危在旦夕，后果不堪设想。

更为令人担忧的是，除了老火山在威胁人类外，地球上还在不断诞生新的活火山。

相对而言，20 世纪的火山活动可谓异常频繁，已发生了十多次较大的火山喷发事件。值得注意的是，科学家判断，21 世纪全球火山都处于高喷发期，有些休眠的火山将苏醒。目前，世界各国科学家正在严密监视着全球火山活动的态势，以期望在它们大规模爆发之前就让人们安全撤离危险区。

知识窗

火山的分布

全世界有活火山 516 座，其中 69 座是海底火山，以太平洋地区火山最多。活火山主要分布在下列四带中：（1）环太平洋火山带。火山集中分布在太平洋的东西岸以及南部岛屿上，其数量占全世界活火山的 3/5。（2）地中海 – 喜马拉雅 – 印度尼西亚火山带。这是横亘欧亚大陆的火山带，集中了 1/5 的世界活火山。（3）大洋中脊火山带。火山分布在连贯各大洋的海底中脊上。（4）红海 – 东非大陆裂谷带。余下的火山散落在大陆内部及大洋盆地中。火山集中成带是受地球板块构造及相互间运动所控制的。

知识探究

火山喷发注注在数月之前就能有预兆，因为在喷发以前，高温岩浆会从内向外挤压，产生诸如山体变形、冰雪融化、动物异常和气体膨胀发出响声等现象，但火山到底什么时间爆发，还是很难准确预测。你认为有哪些征兆可以预告火山喷发即将来临？

天地大冲撞——星灾的隐患

1745 年，法国博物学家布丰曾提出一个有趣的假说：包括地球在内的各大行星是由一颗特大彗星与太阳相撞后溅出的碎块形成的。这就是著名的"碰撞灾变说"。虽然太阳系的实际形成过程并非如此，但是随着近代科学技术的飞速发展，越来越多的科学资料显示，这种天体碰撞造成的灾变在宇宙中是普遍存在的，也是威胁人类生存的一大天灾。

近地小行星撞击地球的想象图

1996 年 5 月 19 日，一颗直径 1.6 千米的小行星从距地球不到 45 万千米处擦肩而过，引起人们的一片恐慌。自 20 世纪以来，类似这样有惊无险的事件已发生过十几次。人们不由得想到，万一哪一天太空"车祸"真的发生了，对人类不啻是一场灭顶之灾。一时间，现代的"世界末日论"似乎找到了新的立论依据。科学家的研究也证明，这类来自天外的"不速之客"早已光临过地球。

地球上的累累星伤

1908 年 6 月 30 日清晨，一个比太阳还亮的蓝白色大火球从天而降，飞驰到西伯利亚通古斯地区上空突然爆炸，发出刺目的闪光。爆炸的巨响传到 1 000 千米之外，强烈的冲击波把方圆数百平方千米的树木尽数刮倒，并酿成一场大火。同时，全世界许多地方，甚至大洋彼岸的美国都收到了一次地震波，并记录到绕地球两圈的、强烈的空气冲击波。据后来的考察结果推测，这可能是一颗直径约百米的彗星碎核或小行星与地球相撞造成的。所幸的是这场飞来横祸发生在人烟稀少的森林和沼泽地带，除了杀死几百头驯鹿外，无一人伤亡。要是这样的撞击发生在人口稠密地区，那它所带来的损失就不堪设想了。

　　其实，人们已经找到一些比这更早的规模较大的天体撞击地球留下的证据。其中最出名的当属美国亚利桑那州的魔鬼谷。魔鬼谷是当地印第安人对它的称呼，那是突出在平坦高原上的一个巨大环形山，中间的深坑直径为 1 240 米，

通古斯大爆炸寸木尽毁

美国亚利桑那州巴林杰陨石坑航拍影像

深达 170 多米，坑的四周比外围地面高出 45 米。经仔细考察和分析，这是距今大约 2 万年前，由一块直径 60 多米、质量 10 多万吨的陨铁以每秒 20 千米的速度撞击地球而形成的陨石坑。

　　在 20 世纪的很长一段时间里，人们都把魔鬼谷这样的陨石坑当做火山口。一些保守的地质学家像他们 18 世纪的前辈一样，拒绝承认有所谓的"来自天际的石头"。然而，在陨石坑的底部发现了一些岩石的碎片上有一层晶体，这种晶体层只有在撞击时产生的高温高压下才会出现，人们这才开始对陨石坑另眼相看了。在加拿大安大略省东南部，休伦湖北侧，还有一个更大的、直径达 100 千米的坑，因为年代久远，坑的轮廓已显得十分模糊。这是距今 2 亿年前，一颗由镍组成的小行星撞击地球造成的。今天安大略省的萨德伯里以产镍闻名于世，应当归功于这颗小行星。人们还发现一些由陨石撞击地表出现的环形陨石坑，积水之后形成宇宙湖。非洲加纳共和国境内的波森维湖就是一例，它的湖面好像是用圆规画出来的，湖盆是一个标准的圆锥体，被称

加拿大安大略省镍矿石

为世界上最圆的湖。连接美国巴尔的摩和华盛顿的切萨皮克湾的南部水下也有一个由小行星撞击而形成的直径80千米的坑。切萨皮克湾现在的形状就是这个坑造成的。迄今为止，地球上已发现了100多个大型陨石坑。越来越多的古生物和古地质资料表明，地外天体撞击地球，很可能就是导致地球历史上某些短时间内发生的巨变（如气候剧变、生物大灭绝、地磁极倒转等）的原因。

非洲加纳波森维湖

古代传说有了新证

中国古代有这样一个神话：共工撞倒不周山，引起天倾西北，地陷东南。长期以来，我们一直把这当做老祖宗流传下来的神话故事。但也有人认为，这些神话故事中可能包含了真实的历史信息，也许"共工撞倒不周山"就是对地球被陨星撞击而形成地轴倾斜的一次灾变的记录。

中国科学院院士欧阳自远领导的研究组对小天体撞击地球及其效应的地质地球化学记录的研究表明，地外天体的巨大撞击可以改变地球自转轴相对于其轨道平面的倾斜角。欧阳自远根据四次玻璃陨石的散布、古地磁倒转、古气候演变和古冰川的发育等系统研究，提出新生代以来至少有6次具有全球性影响的小天体撞击事件，分别发生在距今6500万年前、距今3400万年前、距今1500万年前、距今240万年前、距今110万年前和70万年前，后5次撞击能量明显小于6500万年前的那一次。在各次撞击作用发生期间，地球表面的气候、生态、环境同样发生过剧烈的灾变，产生了新的冰期与地磁极倒转，出现了不同程度的生物灭绝现象。距今最近的一次撞击确定了目前地

陨星撞击地球想象图

球自转轴 23.5° 的倾角。

近年来，有些学者认为，大的撞击可使地球岩石圈产生分裂，导致板块的出现（地质学家认为，在板块出现之前所有的大陆是连在一起的）。另有科学家认为，天体撞击对地球上的造山运动起了不容忽视的作用。强烈的撞击使地壳受到相当大的震动，破坏了地壳

壮观的喜马拉雅山脉

构造的均衡性。以距今 6 500 万年前的撞击为例，从撞击发生的那一刻起，印度板块向亚欧板块挤压，把古地中海挤压成了一座高山，就是现在的喜马拉雅山，形成了高山北边的世界屋脊——青藏高原。太平洋板块则向南美挤压，形成美洲最高山——安第斯山。此外，还有一系列全球性的造山运动和地质构造运动，这就是地质上有名的中国境内新生代以来的造山运动——"喜马拉雅运动"。

假如不是"擦肩而过"

20 世纪以来，小行星与地球"擦肩而过"的险情已出现过多次。1937 年，重达 4 亿吨的小行星赫尔米斯以每小时 8 万千米的速度在距地球 75 万千米处飞过。1989 年又发生过一次类似的情况：小行星 1989 FC 在 1989 年 3 月 22.9 日（世界时）与地球的距离最近，只有 69 万千米。惊魂甫定的人们不禁要问：假如不是"擦肩而过"，会出现什么样的后果呢？事实上，对地球产生威胁的地外天体，很多都来自处于火星和木星轨道之间的小行星带。为了估计小行星撞上地球的可能性和后果，我们将它们按大小分类进行分析：

　　○直径在 10 米以下的小行星为数众多，但质量很小，进入地球大气层后，摩擦产生的热量足以使其挥发掉，形成稍纵即逝的流星。少数"活下来"的则成为陨石下

近地小行星从地球"身边"飞掠而去

1—2 公里宽的近地小行星撞击地球可能造成重大灾难

落，一般不会造成重大灾难。1976年的吉林陨石雨就属于这种情况，当时共收集到大小陨石 100 多颗，其中重达 1 770 千克的"吉林 1 号"是目前世界上最重的石陨石。

○直径在 10 米以上、1 千米以下的小行星会对地球构成一定的威胁。这些星体大多能经受住大气层的摩擦，与地球碰撞产生的冲击波会在碰撞地区造成灾难性的后果，但影响仍是局部的。发生这种情况的概率是 300 年一次。最近一次就是 1908 年的通古斯事件。据估计，那颗天体爆炸产生的能量相当于 1 200 万吨 TNT 炸药。

○更大的危险来自 1 000 ～ 2 000 颗中等大小的近地小行星，它们的直径不小于 1 千米。据推测，这样大小的小行星每 30 万年左右与地球相撞一次，但这一估计仅是统计平均值，也可能在任何时候发生。一颗直径为 1 千米的小行星若以每秒 20 千米的速度与地球相撞，所产生的能量相当于数十亿吨 TNT 炸药的威力，为 1945 年广岛原子弹所释放的能量的几百万倍。当然，小行星不会产生令人谈虎色变的核辐射，但这样的撞击并不只是摧毁几座城市或是一些国家的问题。剧烈的爆炸将会引发强烈的地震、海啸、火山喷发，地球的大气将被全面扰乱，产生一个相当于核冬天的环境，大团尘埃云冲入大气层挡住阳光，造成持久的黑暗、0℃以下的气温和猛烈的风暴。

○直径在 10 千米左右的近地小行星威胁最大，幸运的是，这类天体并不多，大概只有 10 颗，估计 1 亿年左右会与地球相撞一次。最近的这样一次事件就是发生在距今 6 500 万年前的地球大劫难，其结果是当时主宰地球的生物——恐龙灭绝。

罗织"天网"防范星灾

1994 年 7 月，苏梅克－利维九号彗星的 21 块大碎块和其他小碎片，先后以每秒约 60 千米的速度撞向木星南半球的表面，每次撞击都引起持续几分钟的剧烈爆炸和震动，远远胜过地球上最大的核武器爆炸。

全世界许多人都通过望远镜观看了这次令人震惊的彗星联珠撞木星的奇观，人们原以为地球受外来天体撞击造成人类乃至全球毁灭的可能性并不存在，因此不必大惊小怪。但是，木星受到彗星撞击之事让人们意识到地球上也可能会发生同类事件。担心"地球受小行星或彗星撞击"一时间成了热门话题。这个问题与原先担心的地球变暖、人口过多等要经过几个世纪才慢慢向我们靠近的危险不同，它可能立即就会发生，在半小时内把一个繁荣的世界全部摧毁。

面对这种随时可能发生的危险，作为防范措施，首先是要找到对地球具有威胁的小天体，然后计算出它们的轨道。目前，世界各国相互合作，已建立了全球性的观测、监视与预报的自动网络体系，侧重于对近地空间小天体的观测与预报，使人类有可能预先准备好应采取的紧急措施。目前已知的大小 4 千米的近地小行星有数百个。可能还存在

从太空探测器观察彗星撞击木星的景观

成千上万个直径大于 1 千米的近地小行星，数量估计超过 2 000 个。

找到威胁人类的近地小行星只是第一步，更重要的是如何消除这种威胁。这一任务将落到核导弹和航天专家身上。目前可能的办法有两种：一是发射一枚或数枚核导弹，

小行星撞击地球大气层后爆炸产生的黑色碎片

直接摧毁"来犯之敌"；二是改变碰撞物的运行轨道，使之不与地球相撞。

多数专家不倾向于前一种办法。因为小行星或彗星被摧毁后，有可能分崩离析，由此产生的碎片可能会如雨点般降到地球上，造成比完整的小行星撞击地球更大的危害。后一种办法看似困难，但用中子弹就可以实现。中子弹的特点是：杀伤力强，但对目标的整体形态没有多大破坏。向"来犯"的小天体发射一枚中子弹，使之在小天体一侧爆炸。而爆炸产生的强烈辐射使星体表面受热

科学家们仔细观察小行星的运行轨道

蒸发，产生的气体像无数小火箭一样，给星体一个反冲力，使之稍稍偏离原来的轨道。显然，远离地球的"失之毫厘"，飞达地球时便"差之千里"，大大偏离"来犯"轨道了。1992年，美国一些核导弹专家和行星天文学家聚会新墨西哥州的洛斯阿拉莫斯市，详细讨论了这种办法，认为是可行的。

小行星或彗星在近期内撞击地球，引发全球性灾难的可能性虽不能完全排除，但实际上是非常小的。对此既不能置之不理，也不必惶惶不可终日。目前还没有发现在几百年的时间范围内能够对地球的安全造成真正威胁的近地小行星。

人类自诞生300多万年来，经历过多次全球性的劫难，在与自然界抗衡的过程中已发展起高度的文明。人类将可能成为地球的保护神，已经具备可以抵御、控制和化解这种来自宇宙空间的突发性袭击。

知识窗

陨击灾害

陨击灾害是人类主要防范的天文灾害之一，它是指在地球大气圈中未被完全烧毁而坠落的陨石撞击地球表层时所造成的生命和财产损失。陨石触地时释放的巨大动能常使陨石的大部分面积和撞击处的地面物质粉碎、气化，形成比陨石大得多的陨石坑，而大的陨击还会伴有爆炸，具有非常大的摧毁性。现在大致估计地球每天都要接受5万吨这样的"礼物"。这样大的数量，虽然大部分在坠落时烧毁，但那些较大陨石落到地面上仍会造成灾害。根据对世界上现存的陨石坑的研究，可以推测出在地球漫长的历史中曾发生过多次严重的陨击事件。如美国亚利桑那陨石坑就是由一颗直径30～50米的铁质流星锤撞击地面而造成的。当时的爆炸力大约相当于2000万千克TNT，超过日本广岛原子弹的1000倍。爆炸在地面形成了一个直径约为1.2千米、平均深度为180米的大坑。又如2013年2月15日，一颗直径15米、重达7000万千克的陨石以每秒约18千米的速度冲进大气层，在俄罗斯车里雅宾斯克地区坠落，其释放的能量相当于20颗原子弹，地球由此遭遇了百年来最大的一次陨石冲击。

知识探究

在宇宙诞生的180亿年里和太阳系诞生的50亿年里，究竟发生过多少惊心动魄的大事，作为只有5000年文明史的人类知之甚少。然而，随着人类对太空了解的深入，愈发引起人们的一个思考：茫茫苍穹中我们的家园还安全吗？

灾害的成因

——天、地、人三大系统的失调

原始社会人与自然的关系更多地表现为人受制于自然，而现代社会人类逐渐由"敬畏自然"的态度转变为"征服自然"，于是自然成了人类改造的对象，它似乎不再具有以往的神秘和威力。然而，人类对自然的盲目改造和对自然资源的掠夺式开发与利用，必将受到自然的报复。由于自然界具有与人类同等的神圣不可侵犯的权利，因此它不可以被人类任意改造。

大自然在施暴

古语云："天有不测风云，人有旦夕祸福。"这不测风云也就是指事先无法预料的自然灾祸。

只要人类生存在这个地球上，就会不可避免地会受到地表环境的影响和制约。这种影响是随着地球的长期演化逐渐形成的，演化的动力来源于地球外部的太阳辐射能，以及地球内部的内能、重力能等。由于内力和外力两方面的交互作用，地表环境的各个要素始终处在不停的运动变化之中，由此促成了人类的创造力，

洪水灾害突发性非常强

推动了社会的发展。可是，当这种"推动"作用一旦超出了人类的承受能力，它就会以一种不可抗拒的异己力量作用于人类，从而形成危害人类的各种自然灾害。

自然灾害是指由于纯自然的原因而给人类社会造成巨大经济损失或严重人员伤亡的一类自然现象。从时间角度看，它可分为两类：一是地表环境所表现出的一种突发性灾变，如地震、火山爆发、飓风、暴雨等；二是由于地表环境缓慢变化而导致的对人类社会的不良后果，如气候冷暖交替造成冰期和间冰期的出现，由此影响海平面的升降，从而对人类社会造成危害等。尽管如此，这两类灾害的共同点都是直接威胁人类社会的生存和发展，所不同的只是前者的影响较为显著，后者的影响更为隐蔽和久远。

突发性自然灾害的形成是由两方面因素决定的。一是"天"，太阳能

地表环境的极度变化引起干旱

辐射与地表环境等各种因素的相互作用，造成了诸如飓风、洪涝、干旱等灾害性天气；二是"地"，地热能、重力势能等的巨大作用，造成了诸如地震、火山爆发、山崩等灾害。由于地表环境的整体性和复杂性，这两方面作用的表现形式并不是孤立的，而是相互交融、相互关联的。结果往往会出现某种自然灾害是由天、地两

汶川大地震就是板块挤压造成构造应力能量释放的构造地震

方面的多种力相互作用而形成的复杂现象。有时甚至还会出现在一种自然灾害发生的同时，伴有另一种自然灾害发生的灾害伴生现象。

　　自然界中影响人类社会的自然灾害非常多，它们的生成原因也是多种多样且异常复杂的。下面仅简略说明对人类社会影响较大、出现频率较高的若干种灾害的成因。

2011年日本发生8.9级地震引发恐怖大海啸

　　地震是地壳运动的一种形式，表现为地壳快速而剧烈的颤动。地震主要分为两类：一类是构造地震，它主要是由地壳运动引起的；另一类是火山地震，它主要是由火山喷发引起的。此外，还有由地面塌陷和山崩引起的陷落地震等。构造地震是地球上规模最大、发生频率最高的一类地震。地球

科学家大多用板块构造学说来解释构造地震的成因。他们认为，在板块发生相互位移时，由于挤压或摩擦，使岩石发生了变形，能量以变形位能方式储存于岩石中。一旦岩石变形超过了极限，岩层就会产生急速的破裂和错动，同时把所储存的能量以地震波的形式释放出来，使地表发生快速而又剧烈的颤动，摧毁矗立于地表之上的建筑物，危害人类社会。由于板块间的挤压或摩擦多集中于板块边界地带，故构造地震多发生在板块边界地带。

　　地震发生时，除了造成屋毁人亡的悲剧之外，还会伴随其他灾害，如山崩、海啸、滑坡、泥石流等。其中最严重的为海啸。当海底地震发生时，能量以水波形式释放出来，这种波浪与风浪叠加便形成风暴潮，袭击沿海的城镇和乡村。1755年11月

1日大西洋畔葡萄牙首都里斯本，发生了里氏9级地震，地震所引发的海啸接踵而至，将整个里斯本在几分钟内夷为平地，6万人顷刻间被海浪吞没。1933年太平洋中的一次破坏性特强的海啸，造成了高出正常潮水面9米的巨浪，在沿海低地形成了波及面极广的灾害。1998年7月17日，在太平洋西南部巴布亚新几内亚的塞波克省北岸近海区，发生了里氏7级地震，震后20分钟，浪高10米的海啸呼啸而来，席卷了30千米长的海岸带，导致数千人死亡，1.5万人遭到劫难。

在地震强烈区内，如果山坡的岩体不稳固，可能会因地震而出现崩塌。崩塌造成的灾害甚至远远超过地震本身。1920年我国甘肃大地震时，造成山体崩塌、滑坡，有近10万人被活埋在他们所居住的黄土高原内。

培雷火山脚下重建的圣皮埃尔市

火山爆发是地壳运动的另一种形式，也是地球内部热能在地表的一种最强烈的显示，是岩浆等喷出物在短时间内从火山口向地表的释放。火山爆发是地下熔岩在岩石的挤压下形成巨大的压力，从而沿地壳隙缝喷发出来的现象。

○尘埃雨和熔岩浆像巨大的山崩一样从火山斜坡上向下移动，横扫一切。1902年5月8日，位于中美洲小安的列斯群岛中的马提尼克岛上的培雷火山爆发，尘埃雨和熔岩浆吞噬了火山脚下的海港城市圣皮埃尔。

公元79年8月，维苏威火山爆发，炽热的熔岩流埋葬了整个庞贝古城。

○从火山斜坡上向下移动的熔岩浆和尘埃雨将吞没整个地区。

○火山灰、火山渣、火山弹的降落，同样会给人民的生命财产造成损失。

○火山活动还会引起强烈的地震和海啸。

○因大雨而被水分饱和的火山灰会形成泥石流。

火山爆发导致气候异常的现象也比比皆是。灾害性天气和气候异常是大气运动的一种表现形式。虽然它不像地震、火山爆发那样的具有突发性，但是，它的出现对人类社会来说也是同样可怕的。

热带气旋，又称为飓风或台风。这种风暴一般形成于南、北纬5°～20°的热带洋面上，这一海域常年处于27℃以上高温，储存着巨大的能量。空气下层变暖造成了大气的不稳定，再加上高空东风波扰动性强，从而导致气流形成了能量巨大、破坏性极强的低压气旋——台风。热带气旋一旦形成，常向西移动，穿过信风带，拐向西北或北方。它的登陆和能量的释放，常会带来严重的自然灾害。

热带气旋像江河中的涡旋一样绕自己的中心急速旋转

热带气旋是一个大致呈圆形的风暴中心，中心气压特别低，风以很快的速度和螺旋形式吹向中心，并伴随着巨大的降水。它对有人居住的岛屿和近海岸造成的灾害是巨大的。1780 年，袭击小安的列斯群岛的巴巴多斯飓风曾把石头建筑物从基部掀起，毁坏要塞，造成 600 多人死亡。热带气旋产生的大量降水也是一种威胁，它会酿成洪水灾害。在陡峻的山坡地区，它还可能造成灾难性的山崩、滑坡和泥石流等。热带气旋可在瞬间使海平面异常增高，加上潮汐作用，可能形成风暴潮。风暴潮的破坏作用极强，它可以一直延伸到内陆。巨大的水浪越过海岸，汹涌的海水淹没大片低地，从而造成惊人的危害。1737 年，在孟加拉湾胡格利河口，强大的热带气旋造成了 12 米高的风暴潮，导致了洪水泛滥，结果有 30 万人丧生。近年来，热带风暴有北移的趋向，频频袭击我国海岸河口地区。风暴潮是我国沿海，特别是东南沿海必须十分注意的一大自然灾害。

龙卷风是一种范围小而威力极大的风暴。它也是一种低气压形成的气旋，常表现为从密集的

龙卷风肆虐美国德克萨斯州

积雨云向下悬挂的一条漏斗状云。形似苍龙，故名。漏斗下端的直径达 90 ~ 400 米，往往夹有被风刮起的尘土和碎屑物，并凝结了大量的、浓密的水汽。由于聚集了大量的能量，龙卷风的速度超过了任何其他暴风的风速，估计每小时可达 400 千米。当龙卷风扫过地面时，漏斗状云作螺旋式上下翻卷，席卷大地。由于这种强风的压力以及气旋式涡旋中心气压突然降低，致使龙卷风经过之地的许多人们的劳动成果全部被毁坏，形成灾害。1965 年，发生在美国的一次龙卷风袭击了从艾奥瓦州到印第安纳州的狭窄地带，造成了 2 亿多美元的财产损失和 256 人的死亡。

暴雨引起城市内涝严重

洪涝灾害往往是因暴雨引起的水位上涨和山洪爆发造成的，所以降水是形成洪涝灾害最主要的和最直接的原因。降水的形成，一方面要有含大量水汽的暴雨云，另一方面要有能造成水汽凝结的动力条件，包括冷暖气流相遇形成的锋面、能使气流抬升的地形以及能使气流上升的下垫面等因素。事实上，我国暴雨的发生无论是在空间上还是在时间上都有着一定的规律。这主要与影响我国降雨量的副热带高压带有关。副热带高压带进退的快慢，又往往与太阳活动、火山爆发、下垫面性质变化等因素有关。这些因素是形成特大洪涝灾害的深层原因，也是造成气候异常的根本原因。

气候异常不外乎是天、地、人三个方面的影响，是这三大系统不协调所致。就自然因素而言，天主要指天体的变化、运动等，如太阳黑子的多寡、耀斑的大小。一般来说，太阳黑子活跃之年，往往是旱涝灾害频繁发生之年。这说明太阳黑子活动时所辐射的巨大能量通过高能粒子对地球施加了影响。对气候异常有重大影响的另一因素是来自太平洋的厄尔尼诺现象。

火山爆发使下垫面性质改变，是造成气候异常的又一重要原因。伴有大量含硫气体的极细火山灰被抛上平流层后，可随高

意大利埃特纳火山喷发的尘埃物质组成的"帷幕"

空气流飘游全球，形成一个由尘埃物质组成的"帷幕"，它可吸收和反射太阳辐射，阻挡紫外线透过，使到达地表的太阳能减少，也使平流层变暖和对流层变冷，从而改变大气的热平衡状态。因此，地表上常常出现一些地区奇旱酷热，而另一些地区低温多雨的奇特现象。

此外，像冰期、间冰期和海平面上升等这类渐进的、缓慢性的自然灾害，也是由天和地两方面的因素促成的。天上的原因是指太阳活动对地球的影响，太阳、月亮、行星与地球的相互作用，以及地球地轴的"移动"；地下的原因则包括大陆的漂移、山脉的变化和海陆变迁等。虽然它们的致灾进程是缓慢的，但是一旦成灾，危害依然是极大的。我们应有防治这类灾害的思想准备。

知识窗

哪类自然灾害造成的后果最为严重？

洪灾在今天仍然是一个很大的威胁。特别是在中国，境内的数条江河更是令国人饱受苦难。据估计，在过去350年中，有400多万人在洪灾中丧生。地震的后果在中国同样严重。在有历史记载的1000年中，有200多万人在地震中丧生。单是1556年发生在豫陕两省的大地震就夺去了83万人的生命。热带气旋也是"罪孽深重"，发生时常常伴随着狂风暴雨和风暴潮。孟加拉国受飓风的影响最为频繁。该国地势低洼，自1737年以来，累计已有100多万人在飓风中丧生。在自然灾害中，火山爆发和地震海啸也是对人类影响较大的。最严重的一次火山爆发是1815年，印度尼西亚的坦博拉斯火山爆发致使9.2万人丧生。而2004年强震引发的印度洋大海啸波及12个国家，地跨两大洲，造成了25万多人罹难。

知识探究

台风原来没有统一的名字，各国对影响他们的同一台风叫法却不一样，很不方便。1997年国际台风委员会开始对台风统一命名。现台风命名表中共有140个名字，分别有世界气象组织所属的亚太14个成员国和地区提供，东亚和东南亚的国家大部分在列，甚至连美国也参与进来了，可是并没有新加坡，这是为什么呢？

自然的报复

　　提起灾害，人们往往认为就是指天灾，是大自然在"发怒"、"施暴"。其实，这种认识是不全面的。马克思说过："只要有人存在，自然史和人类史就彼此制约。"自从地球上出现人类之后，地球就从"纯自然"变成了社会的自然。随着科学技术的发展和进步，人类干预自然、改造自然的作用越大，自然反馈人类的力度也就随之变大。

　　早在 100 多年前，恩格斯就曾谆谆告诫人们："我们不要过分陶醉于我们人类对自然界的胜利。对于每一次这样的胜利，自然界都会对我们进行报复。每一次胜利，在第一线都确实取得了我们预期的结果，但是在第二线和第三线却造成了完全不同的、出乎意料的影响，它常常把第一个结果重新消除。美索不达米亚、希腊、小亚细亚以及别的地方的居民，为了得到耕地，毁灭了森林，他们想不到这些地方今天竟因此成为荒芜不毛之地，因为他们在这些地方剥夺了森林，也就剥夺了水分积聚中心和贮存器。"但是，恩格斯的上述论断并未引起人们的重视，100 多年来，人们还是陶醉在眼前的胜利之中，置大自然的利益于不顾，造成了

西安半坡遗址

一次次的自然报复。

　　古今中外，大自然的报复是举不胜举的。

"伊甸园"销声匿迹

　　"伊甸园"是《圣经》故事中人类始
祖亚当、夏娃生活的乐园。后来，他俩偷
吃了园内一棵"知善恶树"上的果子，被
上帝逐出了"伊甸园"；上帝还派来天使，
把守通道，再也不让后人重新找到它。"伊
甸园"从此消失了。在人类历史上，也曾
经有过一个"伊甸园"，它在今天中亚的
幼发拉底河和底格里斯河流域的美索不达
米亚平原。几千年前，那里风调雨顺，土
壤肥沃，森林繁茂，草原油绿，是世界四

古巴比伦空中花园遗址

大文明的发源地之一。举世闻名的文明古国巴比伦就诞生在那里。古代居住在那里
的人们为了得到更多的耕地，过度地砍伐了森林，结果失去了积聚水分的"容器"，
于是连绵起伏的沃野在不长的时间里，变成了荒芜的不毛之地。如今，两河流域已
成了寸草不生的茫茫沙漠。丰沛的雨量不见了，肥沃的土壤被刮走了，繁茂的植物
枯萎了，居民都被迫迁走了，光辉灿烂的古代文明湮没了，人类的一座"伊甸园"
消失了。如今，这里成了挖掘史前文物、考察古代文明的地方，只有来自世界各地
的考古学家，还骑着骆驼出没在沙丘上下，寻找被黄沙掩埋的一座座古城。

沙漠吞噬良田沃野

　　撒哈拉沙漠是世界上最大的沙漠，面积达 777 万平方千米，偌大的沙漠至今
还没有人全面地勘测过。在那里，有许多自然之谜等待着人们去揭晓。在非洲语言
中，"撒哈拉"就是指许多沙漠组成的大沙漠。但是，有谁会想到，在如今撒哈拉
沙漠的一些地方，几千年以前曾经是牧草青葱、牛马肥壮的天然牧场。例如，在
撒哈拉沙漠的中部，有一块长 800 千米、宽 50～60 千米、高约 1 千米的恩阿杰尔
高原，在古代，那里曾经是一片放养牛、马的天然草原。在当地的土语中，恩阿
杰尔的意思是"河流很多的台地"。地质学家从这里的土层中发现了栎树和雪松
的化石，用碳 14 测定这些化石的年代，距今大约已 6 500 年。也就是说，在距今

恩阿杰尔高原壁画

6 500 年以前，这里曾经生长过栎树和雪松。从这里发现的 1 万多件用牲畜的血和矿石粉绘制成的壁画中可以看出，早期的壁画大多反映当时的放牧生活，有赶牛放牧的男子和欢送牧牛者远行的跳舞女郎，画面上的牛群有的多达上千头。稍后的壁画中，牛群逐渐从画面上消失了，出现了马匹和马拉的战车。最后的壁画中，马匹被骆驼所代替，这正说明恩阿杰尔高原从富饶的草原变成了荒漠。恩阿杰尔高原的荒漠化正是人类过度放牧破坏了草原的结果。

沙丁鱼渔场毁于一旦

碧波荡漾的地中海，气候温暖，雨量丰沛，尼罗河河口曾是世界著名的沙丁鱼渔场。据统计，1965 年，这里的沙丁鱼年产量达 15 000 吨，但是，到了 1968 年沙丁鱼的年产量锐减至 500 吨，为 3 年前的 1/30。到了 1971 年，沙丁鱼几乎在这里绝迹了。

那么，这里的沙丁鱼都到哪里去了呢？这还得从尼罗河上修建阿斯旺水坝谈起。

沙丁鱼群

埃及阿斯旺大水坝

尼罗河是世界著名的长河。尼罗河定期泛滥，一方面给两岸焦渴的土地送来了甘露和丰富的有机物质，另一方面洗刷了土壤中的盐分，使这里的土地肥力不竭，农业丰收。同时，注入地中海的尼罗河水非常肥腴，给河口区的沙丁鱼带来大量饵料，由此形成著名的沙丁鱼渔场。后来，埃及在尼罗河上游修筑起阿斯旺大坝。大坝给埃及带来廉价的电力，控制住水旱灾害。

但是，上游丰富的营养物质和泥沙资源被大坝所阻挡，使注入地中海的淡水量和饵料骤减，于是，这里的沙丁鱼改变了洄游路线，"乔迁"到别处去了。

名城毁于小虫

英国生态学家埃尔顿把某些生物种群数量剧增并造成灾难的现象，称为"生态爆炸"。这种生态爆炸往往是人类自己造成的。

苏金达是苏丹国红海沿岸的一座名城，曾经以东方风格的宫殿、遍街的河道和如诗如画的港口而闻名，19世纪的旅行家们把它誉为"红海的威尼斯"。如今它已沦为一片废墟。导致这座繁荣

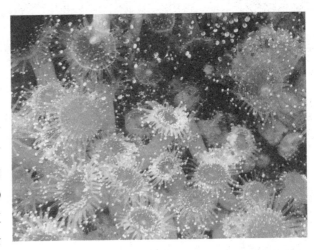

珊瑚虫

兴旺长达 5 个世纪的城市毁灭的原因，竟然是"名城无奈小虫何"。15 世纪的苏金达，曾被奥斯曼帝国占领并发展为亚非间贸易的重要集散地。1860 年，岛上的土耳其统治者下令修建城墙和营造房屋。居民们趁红海落潮之际搜集珊瑚石，运回港口充当建筑材料。在运输过程中，也把珊瑚虫一起带进了水道，从此种下了祸根。这一带海水温暖适宜，珊瑚虫数量剧增。不久，航道上便冒出几座珊瑚礁，造成港口堵塞而无法通航。到了 20 世纪初，甚至连小船也难以通行了。苏金达城随之渐渐地荒芜，终被废弃。

从名城毁于小虫，我们会想到，当今人类如果继续无计划地生育，世界人口越来越多，是否也会造成"人口爆炸"。今天小小地球承载了 70 亿人口，已是人满为患了。假

用珊瑚石砌的房墙

如人口继续以几何级数增长，那么要不了多久，这艘载人的"天然宇宙飞船"——地球，最后也必将"陆沉"。当今世界的许多灾难都源自人口过多，地球已经因负荷太重而亮出了红灯。难道我们还不该警惕吗？

知识窗

中国沙漠化土地的空间分布

我国的沙漠化土地主要分布在干旱、半干旱及部分半湿润地区，总面积达33.4万平方千米。从土地沙漠化的发展程度来看，我国的沙漠化土地可分为两大类：一是已经沙漠化的土地，占沙漠化土地的52.7%；二是潜在的沙漠化土地，占沙漠化土地的47.3%。在已经沙漠化的土地中，严重沙漠化土地占19.3%，强烈发展中的和正在发展中的沙漠化土地分别占34.7%和46%。这两种类型的沙漠化土地主要分布在毛乌素、浑善达克、科尔沁、呼伦贝尔等沙地及周围的草场、旱田，也是我国土地沙漠化防治的重点地区。

知识探究

目前，地球不仅伤痕累累，而且还背着沉重的包袱在运转，70亿人口已将地球压得喘不过气来。当我们惊叹200年来世界人口增长的速度时，也看到了地球生物的快速灭绝。1800年是工业革命开始的时代，也是地球第六次大规模物种灭绝的时代。与之相比较，前五次地质历史时期的物种灭绝属于自然灭绝，但这次物种灭绝的速度远超它们原在自然进化过程中灭亡的速度。当大量物种以前所未有的速度灭绝时，人类自身就安全了吗？

科技发展的负效应

自从瓦特发明蒸汽机以来，工业生产便绕着科学技术这个轮子发生了多次革命性的飞跃，人类从自然界中获取的财富飞速地增长。然而，正当人类陶醉在自己所取得的"胜利"中的时候，也开始面临日益增多的灾害的威胁。在获得了丰富的产品的同时，人类也在向自己赖以生存的环境排放大量的有害物质——污染物。

随意抛弃的有毒化学废物

与农业生产等直接干扰自然界的形式不同，工业生产是在特定的生产场所内投入一定量的人力、物力和财力，通过物质和能量的不断转化而获得巨大产出的过程。因此，工业生产对自然环境的干扰是间接的，是以向环境排放有害物质的形式进行的。随着工业化进程的加快，有害物质的排放量也越来越多。仅对化学产品的生产来说，在美国每年就大约排放 6 000 万吨的有害废物，而原欧洲经济共同体国家每年则产生 2 000 万～3 000 万吨的有害废物，占全世界产生废物量的 10%～20%。有害废物主要是氰化物、油漆残留物、金属冶炼和加工废弃物，以及石油提炼和蒸馏产生的焦油、管道煤气的淤泥、有机溶剂、石油类废弃物、石棉、砷、汞、镉、铅、化学除草剂、农药等。随意处理这些废弃物可能会引起火灾和爆炸，导致空气、水、土地和食品的污染，从而危害人类。因此，我们应当对污染物致灾有清醒的认识。

然而，在工业生产出现后的近一个世纪里，人们还缺乏对污染物的了解，往往过高估计了人类自身的能力。人们普遍认为，只要将污染物控制在一定的临界浓度以下，就不会酿成灾

2009 年云南阳宗海水体砷污染

倾倒的铬矿渣被运走后，表层土壤渗出各种颜色的污染物质

害性的后果；污染物与空气或水等混合后将被稀释，不会产生严重后果；人类生产活动中意外事故的发生率是很低的，人类完全能够合理组织生产，不会导致灾害的发生。

但是，人们这些基于若干假设上的美好愿望，随着工业化进程的加快已经一个接一个地破灭了。污染，不仅时时威胁着人类社会的生存与发展，而且还日趋严重。事实上，正是由于人们对工业化生产中大量排放的污染物采取了任其自然发展的错误态度，以及在工业生产中无所顾忌地追求高额利润，从而导致环境的污染严重，甚至频繁诱发了许多天灾和人祸。

首先，由于工业发展速度过快，污染物的排放量迅速增多，致使自然生态系统变得越来越脆弱。自然生态系统对于污染物的承受能力和净化能力大大降低，被污染物造成危害的临界浓度也随之下降。这种潜在危险的涉及面广、影响范围大。环境污染一旦超过环境的承受能力和成灾的临界点，就会出现全球性的大灾难。

众所周知，工业文明的推动力之一是化石燃料资源。然而，这些燃料在燃烧中不仅释放出工业发展所需的动力，而且产生了一氧化碳、二氧化碳、二氧化硫等有害气体。大量使用煤、石油、天然气等化石燃料的一个直接后果就是，大气中二氧化碳等气体浓度升高，出现大气的"温室效应"，导致地球表面气温上升和全球性气候变暖。据专家估计，由于受"温室效应"的影响，到2030年，全球的气温将会比工业化时代之前高出 1 ~ 5.5℃。

伴随着气温的升高，地表各处的降水将发生很大的变化。高纬度地区和赤道地区的降水量和径流量将有所增加，洪涝灾害将频繁出现；中纬度地带比较复杂，大部分地区的降水量将减少，加上温度升高，蒸发量增大，径流量和土壤水分含量将大幅度下降，干旱地区面积扩

云南特大旱灾，造成粮食绝收

大，因此，旱灾将成为中纬度地区的主要灾害。

伴随着全球气温的升高，海平面将相应上升，这也许是最为严重的全球性灾害。

其次，工业污染物被大气稀释或被水稀释和溶解以后，便进入了地球物质循环系统。这种变化，将逐渐改变地球物质循环系统，使环境污染的危害从一个地区向另一个地区扩散。

例如，硫氧化物在高空长途"迁徙"，由一个地区扩散到另一个地区，从一个国家"输送"到另一个国家。这种状况已经成为一个新的全球性问题。

再次，污染物进入地表的大气循环、地球化学循环和生物循环之后，与自然界原生物质发生反应，或者被生物体通过食物链转移并富集，这些都会使某些无害或低害物质变成有害物质或者是将其危害程度得以放大，酿成更加严重的灾害事故。

由于城市附近的石油化学工业和城市内汽车的大量使用，致使众多的二氧化氮和碳氢化合物被排放到空气中，使城市上空的二氧化氮增多。二氧化氮在强烈的日光和紫外线的照射下发生分解，产生一氧化氮和氧原子，氧原子迅速与空气中的氧气反应产生臭氧，臭氧再与碳氢化合物发生一系列反应，生成过氧乙酰硝

北京严重雾霾天气

酸酯、醛类和其他多种复杂的化合物，统称为光化学氧化剂，由此产生的浅蓝色烟雾称为光化学烟雾。这种烟雾始见于美国洛杉矶（1943 年），故又名"洛杉矶型烟雾"。它能强烈刺激人的眼睛及呼吸系统，导致各种眼疾及呼吸道疾病。在工业革命策源地伦敦，自 1873 年起相继发生了多次因燃煤燃油产生的、含有大量二氧化硫和飘尘的滚滚浓烟，在低空经久不散而毒化生命、窒息生命的"烟雾事件"，其中仅 1911 年和 1952 年发生的两次事件就分别造成了约 1 150 人和 4 000 余人的非正常死亡。这种"伦敦型烟雾事件"在美国、日本等许多国家（包括中国）都曾发生过。过去，有人把烟雾事件发生的主要原因归结为天气条件。其实这是错误的，因为产生烟雾事件的天气条件是自古以来经常出现的，而问题在于我们没有保证大气污染物的数量及其化学反应完成后有害物质的生成与可容纳它们的空间之间的平衡。

美国洛夫运河事件也许就是固体废弃物危害人类的最为突出的例子。洛夫运河是一条 19 世纪未完工又被废弃的运河。20 世纪 30 年代以后，西方石油公司的子公司胡克化学公司购买了这条运河，将其用于填埋化工垃圾。到了 1953 年胡克

化学公司在填满这条运河后，将它整修成一大片的空地，并在这个地方建起了学校、运动场和居民住宅。1970 年，受到大雨侵袭后，埋藏在地下桶内的毒物开始流出，历时 6 年，终于溢出了地面。经检测，该地区有 5 000 吨有毒物质的毒性超过了安全标准，从而酿成了大灾难。从 1978 年起，当局不得不将大量居民迁出，并投资 2 700 万美元疏浚这条有毒运河的底质，封存危险废物。

固体废弃物污染环境

　　在工业发展的过程中，由于人们对自身的行为及其过程缺乏全面的了解、科学的认识和正确的预测，在经济活动中片面地追求高产值，加之工业生产活动的客观复杂性，因此，一旦人们决策失误和行为失当，就有可能酿成大祸。

　　印度中央邦首府博帕尔市与美国合作的联合碳化物公司所属的农药厂是一家专门生产化学杀虫剂的工厂。1986 年 12 月 3 日凌晨，工厂生产杀虫剂使用的甲基异氰酸盐毒气外泄，蔓延到整个城市上空，损害了人体的神经系统，酿成了举世震惊的大灾难：成千上万的受害者躺在地上抽搐、翻滚、战栗，导致 5 万～10 万人中毒，3 000 多人丧生。据美国联合碳化物公司声称，这次灾难的成因是有人错将 240 多加仑的水倒进盛有甲基异氰酸盐的贮藏罐，两种物质混合后产生 200℃ 高温，造成罐内压力上升，阀门被顶开，导致贮藏罐爆炸，5 万磅（1 磅 =0.4536 千克）的甲基异氰酸盐气体外泄。

印度博帕尔农药厂毒气外泄造成大量人员伤亡

　　诚然，工业化是人类社会的一大进步，它极大地提高了整个社会的劳动生产力，创造了丰富的社会财富，使人们的物质生活和精神生活都有了大幅度的提高。因此，工业社会与农业社会相比，无疑是人类社会生产力的一大飞跃。但是，工业化在为人类提供丰富的社会财富的同时，又给人类带来了巨大的环境灾害。随着全球工业化进程的加快，环境灾害的种类日益增多，范围日益扩大，频率日益提高。

目前，环境灾害已远远超过纯自然灾害，成为人们在工业文明进程中难以吞下的苦果。

知识窗

大气污染

大气污染通常是指由于人类活动或自然过程引起的有害物质进入大气，由此危害人体健康或造成环境污染的现象。大气中有害物质的浓度越高，污染就越重，危害也就越大。污染物一进入大气，就会稀释扩散。风越大，大气湍流越强，污染物的稀释扩散就越快；相反，污染物的稀释扩散则慢。在后一种情况下，特别是在出现逆温层时，污染物往往可积聚到很高浓度，造成严重的大气污染事件。降水虽可对大气起净化作用，但因污染物随雨雪降落，大气污染会转变为土壤污染和水体污染。

知识探究

"生态足迹"是指维持某一地区人口现有生存水平所需要的一定面积的土地和水域。地球上的每个人都会留下生态足迹，也就是说消耗一定量的自然资源并产生废物。根据测算，目前人类的消耗已超出地球的生物承载力，因此需要1.2个地球。如果所有国家都以发达国家消耗模式为样本来耗费资源，那么我们将需要多少个地球呢？

探索的代价

1986 年 1 月 28 日上午 11 时，美国佛罗里达州卡纳维拉尔角肯尼迪航天中心发射场，气温 –4℃，天气晴朗。11 时 38 分，美国航天飞机"挑战者号"点火升空，巨大的火柱划破蓝天，场面十分壮丽。它以每小时 3 200 千米（即 3 倍于音速）的速度冲向蓝天。然而，当计时器读到 75 秒、航天飞机上升到离地面 15 000 米高空时，蓝天中突然出现了一个大火球，航天飞机不幸爆炸！巨大的火球拖着长蛇般的尾巴骤然而下，崩裂开来，顷刻间，航天飞机的碎片如流星般散落入大西洋。6 名机组人员和第一位平民宇航员——中学女教师麦考利夫全部遇难。这是人类航天史上最大的一次灾难。

"挑战者号"航天飞机的爆炸，震惊了全世界。各国的新闻界都把它列在 1986 年十大事件之榜首，至今，人们仍念念不忘"一·二八"这个悲惨的日子。然而，当我们站在历史的坐标系上来观察"挑战者号"事件时，我们发现这只不过是人类科技探索过程中成千上万个失败记录中的一个。如果我们为今天所取得的科技成就感到骄傲的话，那么也应对我们在探索和开创文明社会的过程中所付出的代价作出深刻的检讨和反省。

发明药物，是人类为了生存而与疾病斗争的有效途径。由于药物的使用和卫生条件的改善，人的寿命延长了，身体也更强壮了。但是，人类在使用药物过程中也付出了相当大的代价。由于不知药物的副作用而引起的人身伤害事件不胜枚举，"反应停"就是其中一例。"反应停"是供孕妇在怀孕后消除妊娠反应而服用的一种药物。当这种药物投放市场 6 年之后（1961 年）医生才发现，服过"反应停"的孕妇生下的孩子多是没有手或腿的恐怖怪婴。于是，"反应停"被停止使

"挑战者"号升空 75 秒后爆炸

用了，但已经造成了大范围的人身伤害事故。仅联邦德国就有 8 000 多个怪胎来到人世，日本也有 1 000 多个怪胎降生，另有 17 个国家同样受到危害。可见，从发明"反应停"药物到发现其危害的过程中，人类付出了高昂的代价。

电气化和电子化是现代科技文明的重要标志，

"挑战者"号七名宇航员合影

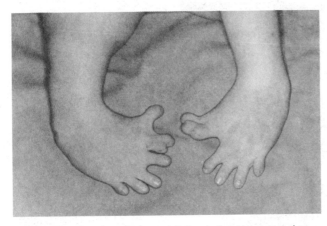

"反应停"本是抑制孕妇呕吐的药物，却导致新生儿短肢畸形

因此我们可以看到越来越多的城市矗起了电视发射台，广阔的农村地区也布满了高压输电线；指挥控制空中交通的雷达站星罗棋布，成千上万台电子计算机连成了统一的系统，通讯卫星一个接一个地进入空间轨道，移动电话的发射台到处耸立；民用微波灶发射出不同频率、不同能量的电磁波等等。人造的各种电磁波以越来越强大、越来越不可控制的规模充斥于我们周围的环境中。但是，人类在享用这些智慧成果的同时，却又不得不吞下由现代文明所酿成的一杯苦酒——电磁波污染，以及由此诱发的灾难。二战后，苏联在苏芬边界附近设有一座巨型雷达站，由于电磁辐射的污染，导致雷达站附近患癌症和心脏病的人数激增。这种恶果是在较长一段时间之后才发现的。

由于能源的不足，人类越来越多

电磁辐射严重时会造成电磁波污染

地开发利用核能。与煤相比，核能有一些明显的优点。由于核能的燃料不是燃烧物，因此在利用核能的过程中不会产生诸如燃烧化石燃料时所产生的那种环境污染以及由此带来的环境灾害。但是，人类所利用的核能也会产生一种新的污染，以及由此造成新的灾害。

日本福岛1号核电站爆炸，泄漏放射性核污水

　　放射性辐射物有点像微型子弹，它们非常小，既不会留下看得见的痕迹，也不会被感觉到，但它们能够杀伤生物体细胞内的分子，特别是破坏 DNA 的分子结构，从而诱发癌变，给下一代留下先天性缺陷。因此，放射性物质若散布在自然生态环境中就会造成灾害。当人类认识到这一点时，已为此付出了沉重的代价。1954年，美国为拍摄一部描写成吉思汗的影片《征服者》，组织了一支220人的摄制组，到圣乔治沙漠拍外景，并运回许许多多沙子拍内景。然而，在这些人中如今已有100多人患癌症，近50人死亡。经调查后发现，原来，此沙漠的沙子中含有高剂量的放射性物质。

　　从开采铀矿到处置反应堆废物，是核能燃料的循环过程。在这个过程中，工作人员暴露于放射性物质面前并受到伤害的可能性大大增加。在开采铀矿和处理矿石的过程中，不可避免地会有一些含有微量放射性物质的废料被置于环境之中。当这些废料或矿渣受到侵蚀时，它们就可能把危险的污染物扩散。尽管如此，核原料利用中最大的危险仍然是核反应堆本身及对使用过的反应堆燃料的处理。反应堆燃料中可以裂变的物质比例很小（铀235仅占3%），因此，由链式反应引起反应堆像原子弹爆炸那样的情况是不可能发生的。目前人类还没有完全控制反应堆的全部反应过程，

日本福岛核电站发生放射性物质泄漏事故

万一发生完全的堆内熔化，就会引起大灾难。它将导致水蒸气的猛烈喷发，破坏核反应堆的安全壳建筑物，把放射性物质喷射到大气中去。

虽然探索的代价是不可避免的，但是从整个历史发展来看，人类在探索过程中所酿造的一些恶果是不会从根本上影响和阻碍人类的生存和发展的。相反，人类在每一次付出代价之后，都会加深对自然的理解和认识，从而能在未来的探索活动中克服消极影响，开拓全新的世界。

知识窗

电磁波对人体的危害

从科学的角度来说，电磁波是能量的一种，凡是能够释放出能量的物体，都会释放出电磁波。电磁辐射危害人体的机理主要是热效应、非热效应和积累效应等。热效应：人体内 70% 以上是水，水分子受电磁波辐射后相互摩擦，引起机体升温，从而影响身体器官的正常工作。非热效应：人体器官和组织都存在微弱且稳定的电磁场，一旦受到外界电磁波的干扰，原本处于有序状态的微弱电磁场即遭破坏，人体正常循环机能会受损。累积效应：热效应和非热效应作用于人体后，对人体伤害尚未得到修复之前再次受到电磁波的辐射，其伤害程度就会发生累积，久而久之便会成为永久性病态或危及生命。研究证明：长期接受电磁辐射会造成人体免疫力下降、新陈代谢紊乱、记忆力减退、提前衰老、心率失常、视力下降、听力下降、血压异常、皮肤产生斑痘、粗糙，甚至导致各类癌症等；男女生殖能力下降、妇女易患月经紊乱、流产、畸胎等症。

知识探究

在科学的探索史上，曾有数不尽的先驱前仆后继，用自己的鲜血和生命，打开了科学和探索之门，令人十分钦佩。然而，也有另一种难以被否定的观点，即许多"灾难"都是科学家自己"制造"的。例如：没有费密和奥本海默，哪来的原子弹；没有齐奥尔科夫斯基和科罗廖夫，哪来"挑战者号"悲剧；TNT 成为战争中的杀人"武器"，与哈勃和诺贝尔亦不无干系；飞机汽车的发明，除了快捷之外还会不断产生空难和事故。即便如今备受推崇的纳米材料、基因工程、克隆技术、机器人和航天航空技术等，我们是否也要担心它们未来的潜在危险呢？

人类行为的失控

　　纵观历史上的重大灾害，不少是生理极限造成的人为失误所致。因此，人的生理原因造成的灾害也不可轻视。

　　举例来说，闻名于世的美国三里岛核电站事故便是人为失误招致的恶果。三里岛事故是核电发展史上发生的第一次严重事故。

　　三里岛位于美国东北部的宾夕法尼亚州，是萨斯奎汉纳河上的一个小岛。三里岛核电站有两座压水堆，一号堆于 1974 年 9 月 2 日投入运转，二号堆于 1978 年 12 月 30 日投入

美国三里岛核电站

运转。二号堆投入运转仅仅 3 个月以后，1979 年 3 月 28 日凌晨 4 时左右，二号堆的二回路冷凝水泵出现了（冷却水循环系统）故障。按照设计，这种故障是不会酿成大祸的：反应堆的安全连锁系统会自动地停止主给水泵的运作，使涡轮机停转，接着，自动开动两个辅助给水泵。然而，一系列的偶然失误凑在一起，便酿成了如下所述的大灾害。

　　◇由于出水阀门在两天前检修后忘记打开，因此，当辅助给水泵启动后，没有水流入两个蒸汽发生器的二回路，加上工作人员又没有发现此阀门已关闭的信号，水很快烧干。

　　◇回路因失去冷却便迅速超温超压，稳压器的卸压阀自动打开，反应堆控制棒也在压力升高到 166 个大气压后自动落下，堆芯因放射性衰变而继续产生热量。

　　◇堆芯冷却系统压力开始回降，卸压阀却被卡住不能闭合，而指示卸压阀开启的红灯则熄灭了。

　　◇卸压阀继续泄放，使堆芯冷却系统压力继续下降，稳压器水位迅速上升。当堆芯冷却系统压力下降到 112 个大气压时，堆芯紧急冷却系统的高压注水泵自动开启，向一回路注水，这是反应堆设计中防止堆芯失水的重要措施。但是，工作人员因判断失误，没有能识别一回路压力下降，稳压器内水位上升的原因，采取了错

核电站事故区域核辐射严重

误的对策，铸下了无可挽回的大错。在稳压器内水位上升到最高点后，人工关闭了紧急堆芯冷却系统的高压注水泵，这样一来，一回路水继续通过卸压阀外泄而又得不到补充，压力降低，造成芯内沸腾，堆内水逐渐减少，堆芯部分暴露。

◇燃料组件因失去冷却而过热，导致燃料包壳锆金属在高温下和水反应，生成氢气，同时放出大量的热量，而这些热量会使反应急剧加速，使包壳破损，导致大量裂变产物进入一回路水，随着重新开放的紧急堆芯冷却水从稳压器的卸压阀泄去，注入安全壳内的卸压箱。

◇ 15 分钟后，卸压箱的安全隔膜破裂，大量高温、含放射性的一回路水溢到安全壳内的地面上，另一部分通过污水泵自动流入辅助厂房，这些高温污染水剧烈蒸发，使得大量放射性气体和气溶胶泄入环境。

三里岛事故发生了！

除此之外，1986 年 4 月 26 日，核电史上最严重的灾害性事故——苏联切尔诺贝利核电站因工作人员的错误操作发生了堆芯爆炸。

一系列触目惊心的灾害，都来自于人为的差错，其中除了工作责任心和意外事件以外，人的生理极限也是不可忽视的一大原因。

众所周知，与机器相比，人的反应速度是相当缓慢的。机器的反应速度以毫微秒计，而人的反应速度则以秒计，两者相差 3 ~ 6 个数量极。例如，一般正常人的听觉反应时间为 0.15 秒，视觉为 0.2 秒，触觉为 0.05 ~ 0.1 秒。人的感觉还存在着极限，例如，人的听觉范围为 20 ~ 20 000 赫兹，人的视觉范围为 0.38 ~ 0.76 微米间的电磁波。在此范围以外，普通人的感觉系统便失去所有感知能力。人类所具有的情感、本能、自我意识、非理智行为等，都会降低人类行为的可靠程度。

在研究中，人体生物节律是一个

切尔诺贝利核电站发生核子反应堆事故

重要的基本理论。所谓"生物节律"，又称"生物节奏"、"生命节律"等，它是指一个人从他诞生之日起直至生命终结，其自身的体力、情绪和智力三者都存在着由强至弱或由弱至强的周期性起伏变化。产生这种现象的原因是生物体内存在着生物钟，它能自动地调节和控制人的行为。

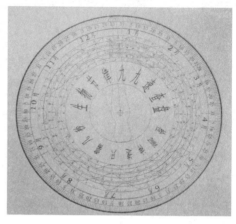

人体生物节律曲线图

生物节律最初是由德国医生费里斯和奥地利心理学家斯沃博特于 20 世纪初经过长期临床观察发现的。他们认为，人体生物节律中体力周期为 23 天，情绪周期为 28 天。20 多年后，奥地利的泰尔其尔教授在研究了许多大中学生的考试成绩后发现，人的智力周期为 33 天。1937 年，国际上召开了首届生物节律会议；1960 年，又在美国召开了专门讨论生物节律的国际会议。

人的体力、情绪和智力的周期性变化，都可用正弦曲线表示，这三条曲线均从出生日算起，起点在中线，先进入高潮期，再经历临界期，而后转入低潮期，如此周而复始。曲线处于中线以上的日子为高潮期，中线以下为低潮期，两者天数相等，与中线相交的那天则是临界期。观测表明，在体力高潮期时，人的精力旺盛，体力充沛，而在低潮期则疲劳乏力，无精打采；在情绪高潮期时，人的心情舒畅，情绪高昂，而在低潮期，则心情烦躁，情绪低落；在智力高潮期时，人的头脑灵敏，记忆力强，而在低潮期，则迟钝健忘，理解力差；当在临界期时，人体处于不稳定的过渡状态，此时，人的有关能力和机体协调性较差，做事容易出差错，身体也容易患病。研究发现，外界因素也会干扰生物节律，不过大多数人都属于"节律型"，只有少数人属于"非节律型"。此外，人在一天 24 小时内的感官敏锐程度、体温、血压等有规律的周期性变化，也是人体生物节律的一部分。

目前，国内外已经将生物节律理论广泛应用于航空、铁路、公路、工矿企业、医疗卫生、体育等行业。例如，国外曾对某一运输公司调查发现，在几年间所发生的交通事故中，50% 以上出在司机生物节律的临界期。后来，

长时间驾车会影响人体生物节律

破碎锤拆除作业时产生的噪声影响人的健康

该公司让司机在生物节律的低潮期和临界期时倍加小心，或者停止出车，结果事故一下子减少了50%。我国某些大城市对公交驾驶员进行生物节律测试，也取得了明显的效果。由此可见，生物节律理论对人类行为的安全确实具有定量指导的作用。

人类工程学，是一门与灾害研究以及人体生理有关的边缘学科，它综合应用物理学、生理学、人体解剖学、医学、电子学以及工程学等方面的有关理论来研究人和人所操纵的机器、人与环境之间的关系，以及如何改善和设计这些关系，研究目的在于提高人的工作效率，改善人的工作条件，使工作更为安全和舒适。例如，研究表明，诸如振动、噪声、温度、照明等这些环境刺激对于操作者健康的影响，一般只在刺激强度达到极限水平时才会发生，在尚未达到极限以前，也是具有影响的，只是不太明显。人对环境具有适应能力，但是，这种适应能力的最佳区域相当窄，如果环境条件不在这个很窄的区域之内，势必会过高地要求操作者去适应环境条件，结果可能严重地影响操作者的健康，从而导致失误，造成灾害。

由于人的生理存在着极限，因此，希望人自身完全克服行为差错是不可能的，也是不现实的，只能采取某些补救的措施使差错降到最低程度。例如，通过对人的视觉特性（包括视觉、分辨角、色彩与心理效应、视觉的运动规律）的了解，选择和设计合适的信号指示器；通过对人的听觉特性（包括听觉、旋律与心理效应等）的了解，使设计的声音信号频率和声压处于人耳最敏感的听域，充分考虑人耳的适应性；通过对人的感觉特性的了解，使设计的工作环境适应人体的要求，降低人为差错，提高工作效率；尤其是近年来兴起的一种在特定领域内具有专家水平解决问题能力的程序——"专家系统"，无疑将极大地弥补人类在智能方面的先

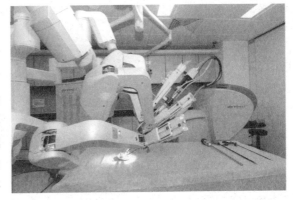

机器人手术系统提高了人、机的智能协作

天不足，使管理决策从经验走向科学。

　　但是，机器智能毕竟不能穷竭人类智能的一切机制和一切可能。无论是为了提高信息加工的速度，还是为了提高信息载体的适应性，人、机的智能协作都是必需的，而当人、机协作不致时，就会出现差错。唯有认识人体存在生理的极限，并设法加以弥补，人类行为误致的灾害才会尽可能地减少。

知识窗

人体生物节律

　　人体生物节律也就是生物钟，它是人体内的一种无形的"时钟"，实际上是人体生命活动的内在节律性。人体随时间节律有时、日、周、月、年等不同的周期性节律。例如人体的体温在24小时内并不完全一样，早上4时最低，18时最高，相差1℃多。若人体的正常生理节律发生改变，往往是疾病的先兆或危险信号，改正节律可以防治某些疾病的发生。科学家们研究指出，按照人的心理、智力和体力活动的生物节律，来安排一天、一周、一月、一年的作息制度，不但能提高工作效率和学习成绩，还能减轻疲劳，预防疾病，防止意外事故的发生。反之，假如突然不按体内的生物钟的节律安排作息，人就会在身体上感到疲劳、在精神上感到不舒适。人体生物节律大致分三类：昼型、夜型、中间型。昼型表现为凌晨和清晨体力充沛，精神焕发，记忆力理解力最为出色，工作学习效率很高。夜型是一到夜晚脑细胞特别兴奋，精力高度集中。中间型介于前二者之间，清晨和上午学习工作效果特别好。

知识探究

　　现代社会中，除了煤炭、石油、天然气、水力资源外，还有许多可利用的能源，如风能、太阳能、地热能等等。但是，这些能源近期很难实现大规模的工业生产和利用。而核能（也只有核能）才是大规模使用的经济的能源。从20世纪50年代开始，各个发达国家纷纷建造了大量核电站。目前核电站的发电量已占全世界总发电量的1/3。关于核电站，有一种说法，即"绝对经济"的核电、"相对安全"的核电站和"叫人为难的"核废料，你认为该说法对吗？为什么？

祸福相倚

——辩证看待灾害

"生于忧患，死于安乐"，人类需要对灾害永远保持防患于未然的态度。灾害不可避免，在面对危险或飞来横祸时，有些人能幸存下来，而有些人却失去了生命，这源于他们是否充满了力量和耐心，是否拥有更充足的应对准备。同时，要辩证地看待灾害，福祸相倚。有时候，自然变异活动能改善生态环境，人类更应该学会利用自然变异所产生的能量创造更美好的家园。

灾害的两重性

任何一种灾害都具有两重属性，即灾害的自然属性和灾害的社会属性。前者指灾害对客观世界的影响程度，一般称为受灾程度，通常可由实物指标表示；后者指灾害对人类社会生活（尤其是社会经济活动）的影响程度，一般称为成灾程度，通常可由价值或货币指标表示。

甘肃舟曲泥石流灾区

根据灾害现象的特征分析，可将其划分为"自然灾害"和"社会灾害"两大类。自然灾害指自然界物质运动过程中一种或数种具有破坏性的自然力，通过非正常方式的释放而给人类造成的危害。自然灾害一般包括天文灾害（如超新星爆发、陨石冲击、太阳辐射异常、电磁暴异、宇宙射线等），地质灾害（如火山爆发、地震、山崩、地陷、雪崩、海啸、滑坡、泥石流等），气象水文灾害（如风灾、水灾、旱灾、雪灾、雹灾、雷电、寒潮、霜冻、风暴潮、海岸侵蚀、海水倒灌、热浪、局部强气候异常、厄尔尼诺现象等），土壤生物灾害（如荒漠化、盐渍化、尘暴、森林火灾、病虫害、水土流失、物种灭绝等）等等。社会灾害指由于人的主客观原因和社会行为的失调失控所造成的灾害，一般包括行为过失灾害（如海难、空难、车祸、核泄漏、工程事故、医疗事故、生产事故、人为火灾、瓦斯爆炸等），认识灾害（如领导决策失误、思想观念僵化、忽视生态平衡、科技负作用等），社会失控灾害（如宏观经济失控、人口失控、城市失控、环境监测失控、治安失控等），政治灾害（如政治动荡、战祸、社会腐败、道德沦丧等），以及生理灾害、犯罪灾害等等。根据灾害的过程特征分析，我们又可把灾害划分为"突发性灾害"和"趋向性灾害"两大类。突发性灾害一般包括火山爆发、山崩地陷、强烈地震、陨石冲击、暴雨洪涝，以及海难、车祸、瘟疫、战乱等各种突然爆发的自然灾害和人为意外灾祸，通常具有潜伏期且难以监测、爆发期短促、能量释放快、恶性危害大的特点，因而对环境及人类社会的冲击往往是猝不及防的。趋向性灾害一般包括海平面上升、地面沉降、臭氧层破坏、大气温室效应增强、水土流失、生态破坏、环境污染及各种日积月累酿成的自然灾害和人为灾祸，通常具有灾象性质隐晦、持续时间较长、能量释放缓慢、危害范围深广的特点，人类因此可以有一定缓冲适应、监测预防的余地。

韩国岁月号渡轮倾覆沉没

美国佛罗里达州突发地陷

作为人与自然的辩证关系的一种反映，各种自然灾害中既包括"纯自然灾害"，又包括大量的"人为自然灾害"。前者产生于各种纯自然的原因，通常具有人力不可抗拒和不可避免的性质；后者则产生于各种人为因素的间接诱发，以及各种人为因素与自然因素的相互叠加作用，诸如人工诱发地震、滑坡，工业"三废"（废水、废气、废渣）污染引起的全球性气候异常和臭氧层破坏，乱砍滥伐森林加剧水土流失和荒漠化，以及烟雾事件和城市噪声等新公害，上述这些通常具有可以预测、防治和避免的性质。有鉴于此，我们今天所说的"自然灾害"，既包括全部的"天灾"，也包括相当一部分的"人祸"，可以说是天灾与人祸的混合体，或是渗透着人祸之浓郁色彩的天灾。同样，作为人与社会辩证关系的反映，各种社会灾害中既包括社会个体行为不当酿成的灾祸，也包括社会群体行为失调酿成的灾祸；既包含可以避免却未能避免的灾害，亦包含具有不可避免性的灾害。

森林过度砍伐使一些地区水土流失问题严重

"祸兮，福之所倚；福兮，祸之所伏。"这一言简意赅的名言深刻地点出了事物变化的辩证关系，也生动地道出了灾害的两重性。

从事物运动变化的角度来看，灾害是一种突变，是物质世界运动变化的一种表现。如果我们把研究的视野扩大到整个宇宙，那么按照"热大爆炸宇宙模型"的观点，宇宙起源于"原始火球"，是在刹那间的一次特大热核爆炸中形成的。换言之，宇宙也就是灾变的产物。如果布丰（Georges-Louis Loclerc de Buffon 1707～1788.）于18世纪中叶提出的关于太阳系是由其他天体碰撞太阳而逐渐形成的这一假说成立的话，那么地球也同样是在灾变中诞生的。从地质史上来看，地球诞生之后曾经

布丰在《自然史》中描绘了宇宙、太阳系、地球的演化

历了地球演化的天文时期和地质时期。在地球的天文时期，地球的外层空间还没有厚厚的大气包围，地球表面也没有坚硬的地壳，更没有大海、河流和青山，正如今日的月球，是那样的单调、死寂。那时，宇宙之间的小行星、彗星、流星及其他小天体经常会乘隙而入，轰击地球，由此触发了一次次的火山喷发，造成岩浆横溢。正是长达15亿年之久的翻天覆地的灾变，才从地球深处释放出大量的气体，不断补充到地球外围的空间，直至逐渐形成包围地球的原始大气圈；正是由于大量岩浆的喷发、冷凝，慢慢地构成了地表坚固的岩石圈；正是由于地球内部释放的水蒸气在大气层中凝结成水滴，重新降落到地面，形成了江河湖海的雏形，地球上才出现了有"生命之源"之称的水圈。总之，没有地球天文时期一系列翻天覆地的灾变，也就不会有适宜促成生命形成的地球空间。

进入地质时期之后，地球上开始有了生命。这些生命的"种子"经历了数十亿年的沧海桑田的大变化，非但没有灭绝，反而在不断进化。根据板块构造理论，大陆板块的分合、漂移、碰撞，在我们居住的星球舞台上导演了一幕幕的造山造陆运动和一次次的海侵、海退。这一系列大规模的运动变化，对于地球上的生命而言不啻是一场场大灾难。恰恰是在这些灾难之中，一批批不适应环境的生物被灭绝、淘汰了，一批批能适应新环境的生物应运而生，生机勃勃地发展壮大起来。从这个意义上说，一部生物史也是一部灾变史，生物就是在灾变中不断进化、发展的。

距今300万～200万年的第四纪，是万物之灵人类诞生的一个具有划时代意义的世纪。然而，人类的诞生也和地球上的灾变息息相关。人是从猿演化而来的，而猿走出森林的动力之一就是喜马拉雅山和阿尔卑斯山的造山运动。由于这两座地球上最年轻山脉的一朝崛起，造成了整个大气环流的变化，全球气候突变、气温骤降，迎来了全球性的冰河时期。随着热带森林的缩小消退，猿类中的一个分囡勇敢地走出世代居住的森林，去寻找新的生存之路，这在客观上促进了猿的直立行走，加速了从猿到人的演化进程。

综上所述，一部地球史，也可以说成是一部灾变史。地球、生命、生物都是从灾变中

阿尔卑斯山的形成过程非常激烈

走出来的，人类也可以说是从灾变中诞生的。地球上自从有了人，人就成了灾变的对象，灾变就有了新的含义，成了灾害。

灾害的两重性还在于，灾害在给人类带来惨痛后果的同时，也会促使人们变得更加聪明起来，从而推动科学技术进步，总结经验教训，更好地掌握自然规律和社会发展规律，以达到减灾消灾的目的。

人类进化历程的复原

知识窗

全球十大人为生态灾难

飓风、地震等天灾不是人类可以控制的，但是地球上一些致命灾害却是人类一手造成的。为了追求更多的能源、食品和建材，人类大量消耗地球资源，由此造成的长期影响，威胁着生态系统和人类自身。2009年，美国《新闻周刊》曾评出全球十大人为生态灾难，以警世人。（1）乌克兰切尔诺贝利核电厂核爆炸事故。（2）美国田纳西州的金斯敦发电站倒塌。（3）海湾战争时波斯湾原油泄漏多达100万加仑，造成当地鸟类和鱼类的大量死亡。（4）美国拉夫运河事件。（5）印度博怕尔毒气事故。（6）最大的海洋"垃圾漩涡"德克萨斯垃圾带，漂浮垃圾估计多达上亿吨，多以塑料为主，其中还包括玻璃、金属、纸等。（7）雨林滥伐，在过去10年里每年破坏约2.6万平方千米。（8）在过去20年里，由于过度捕捞，使鱼类数量急剧减少，失去它们，人类的生存将面临威胁。（9）极地冻土侵蚀，海冰融化带走了沉淀物，没有海冰保护海岸线，越来越强烈的海洋风暴不断侵蚀大片冻土。（10）工业采矿过度，腐蚀土壤，破坏生态平衡。

知识探究

千百年来，草原发挥着维护人类生存环境的重要功能，又是家畜放牧生产的草地资源。然而，随着人口增长和经济发展，草地资源很大程度上在超负荷地被利用和开发，成为造成草原荒漠化的生态、经济和社会根源。那么究竟什么叫荒漠化？是否可将其理解为沙漠不断扩大，沙漠里的沙子扩散到越来越广的肥沃土壤中呢？

灾害带来的不仅仅是破坏

假如没有台风

台风是形成于热带洋面上的强大而深厚的气旋性涡旋。它发生在南纬和北纬 5°~6° 的热带洋面上。北半球台风主要发生在海洋温度比较高的 7~10 月，南半球的台风发生在高温的 1~3 月，其他季节显著减少。当台风吹越海面时，风速可达 62 千米 / 小时，掀起的巨浪有 10 多米高，最高的可达 30 多米。一个成熟的台风在一天中下的雨量可达 200 亿吨，而由水汽凝结成雨所放出的热能相当巨大，台风的威力之大由此可见一斑。

每当因台风致灾时，人们常常会想：假如世界上没有台风该有多好啊！那么，假如没有台风又会怎样呢？

台风来临风力加大，城市酷热减轻

首先，如果没有台风的话，我国东南沿海盛夏季节气温将会骤增。持续的高温会造成农作物致死，人畜中暑，最终导致"热害"的发生，期间工厂将被迫停工，各项生产效率大大降低。身居东南沿海的人们在骄阳似火、炎热难熬的盛夏，常会盼望多来几次台风，因为台风给人们带来大量的雨水与狂风，使气温骤然降低，给酷暑中的人们以透气的机会。由此可见，台风在盛夏消除"热害"中，有着不可缺少的作用。

近年来，我国淡水资源十分紧缺，沿海城市和海岛更是年年都要闹水荒。由台风带来的倾盆大雨，能缓解旱情，大量雨水储入水库，渗入地下，改善了夏季干旱的气候。

台风可以带来丰富的地表水资源

如果没有台风，我们沿海地区的湿润度就要大大下降，甚至会出现沙丘成垄的干旱地区景观，江南沃野将丧失，鱼米之乡也将不复存在。

我们人类居住的地球，经过大自然的长期演化，似乎一切都作了精密的安排，什么也不缺。人类不能"消灭"台风，却可以认识台风，掌握台风的规律，以便趋利避害，进而利用台风。譬如说，每次台风来袭时，都会带来巨大的风能。一旦人能驾驭台风，借其能量为人所用，人类也就增加了一种新的巨大的能源。

雷电的功与过

闪电、打雷是天空中一种猛烈的放电现象，一瞬间，闪电的温度高达 17 000 ~ 28 000 ℃，它能使空气强烈增热，水滴迅速汽化。一般闪电放出的能量以百万千瓦计，而超级闪电放出的能量能达 100 亿千瓦。因此，闪电落地会给人类带来惨重的灾难。1978 年，一次超级闪电发生在北美纽芬兰的贝尔岛上空，它

全球每秒钟发生 46 次雷电活动

震撼了 13 千米范围内的房屋，造成了很大的伤亡；另一次超级闪电击中了美国墨西哥州警察局的无线电发射塔，使当地的电信全部中断。雷电还会引起森林火灾、仓储大火。1989 年，我国青岛市的黄岛石油库的大火就是由雷击引起的。

然而，雷电也有对人类有利的一面。电光闪闪能把大气层中不断损失的电荷重新带回地面，并使它平衡。闪电能合成臭氧（O_3）。每当雷雨之后，在乡村田野或公园森林中，常会有一股清香的气味扑面而来，这就是新产生的臭氧。在地球大气圈臭氧大量消耗、臭氧保护圈日渐变薄的今天，闪电作用所产生新的臭氧是很可贵的。

泉州上空现"天堂瀑布"

雷电还可以制造氮肥。雷电发生时所产生的高温高压，使大气中的氮和氧进行化合反应，生成硝酸盐，硝酸盐能被植物直接吸收。因此，每次雷雨相当于是向田野里撒了一次氮肥。科学实验证明，经过闪电处理过的玉米抽穗提早了 7 天，白菜可增产 15% ~ 20%。

雷电还可以帮助人类寻找矿物。雷电"喜欢"打击容易导电的物体。这一特点，往往可以作为寻找金属矿床的线索。比如，某地土层覆盖着的一侧是矿脉，另一侧是岩石。由于矿脉导电性能比岩石好，所以，矿脉会像避雷针一样，把闪电都吸收到它这一侧，而岩石上面总是不出现闪电。经过长期观察统计，并结合其他探矿方法，就可以找出金属矿藏。

雷电还能预示未来的天气。在这方面，气象工作者和广大群众已积累了许多宝贵经验。例如谚语"东闪日头西闪雨"、"南闪火门开，北闪有雨来"，说明看到西边或北边有闪电，那么产生闪电的雷雨云不久就可能移到本地；如果只是东边或南边有闪电，则表明雷雨已经过去。

近年来，科学家感兴趣的是怎样利用雷电。如果能利用雷电释放的巨大能量，就会给人类增添新的能源。总有一天，雷电的巨大能量将会被人类储存和利用。

温室效应使永冻土复苏

"温室效应"本意是指温室里产生的一种效果。在玻璃屋顶的温室里，阳光可以直射，而室内的热量却不易散失。但是，现在人们提起"温室效应"，它的意义不再只是指玻璃温室，而是指大气层里的二氧化碳给地球建成的一道"屏障"。这道屏障就像温室的玻璃一样，允许阳光照入地球，却阻挡了热量散射回太空。于是，它使地球的气温越来越高。很多科学家

冻土复苏成为肥沃的土壤

认为，气温的升高会给人类带来很大的灾害，使生态环境更加恶化。为此，科学家正在努力研究对策。

然而，全球气温升高是否对人类毫无益处呢？事实并非如此。有科学家指出：全球气候变暖，会促进光合作用增强，农作物的单产会有大幅度的提高；气温升高更会给俄罗斯、加拿大等高纬度国家带来福音，这些国家大片的永冻土将会解冻而成为肥沃的耕地；而北半球沿岸由于大地回春，封冻的港口不需要破冰船也能通航了。距今 8 000 ～ 6 000 年前，北半球的气温比今天高 2 ～ 3℃，那时的非洲和印度的降雨量远比今天要多。如果真是这样的话，那么今日荒芜的撒哈拉大沙漠，也许将由于地球升温而摆脱困境。

沙漠化不只是贫脊

所谓沙漠化，即植被被破坏后，地面失去覆盖，在干旱气候和大风作用下，绿色原野逐步变成沙漠的过程。广大的沙漠地区很少有人居住。在人满为患的今天，正确认识沙漠，开发利用沙漠，是摆在全人类面前的一个重大课题。

沙漠并非是生命绝迹之处。沙漠中也有片片绿洲、沃土，那

沙漠复苏使沙拐枣长势茂盛

里也有流水潺潺，牧草丰茂，绿树成阴，牛羊成群之地。由于沙漠气候干热，日照丰足，只要有水，对农作物、瓜果的生长是极其有利的。我国新疆沙漠中的绿洲就是长绒棉、优质瓜果的产地。西瓜源于撒哈拉大沙漠，而吐鲁番的葡萄、阿克苏的香梨、

塔克拉玛干沙漠腹地的石油基地

哈密的瓜早已是脍炙人口的果中珍品。世界上最甜、最好的瓜大多产在沙漠。美国加利福尼亚沙漠和以色列内格夫产的甜瓜是世界上最佳的。

沙漠是蕴藏着丰富矿产的宝地。世界上主要的几处大油井，几乎都在沙漠之中。中东的石油早已闻名于世，科威特、沙特阿拉伯到处产油，他们是油比水多的国家。在非洲撒哈拉沙漠中，也有不少油田。近年来，阿尔及利亚又连连发现油田，一座座石油新城在沙漠中崛起。我国塔克拉玛干地区，也有一个大油田。除了石油，沙漠中还蕴藏有不少稀有金属，等待着人们去淘"金"。再说，沙漠中的沙本身就是一种不可缺少的建材。近年来，由于温室效应，全球海平面普遍升高，世界各地的海滨沙滩不断后退萎缩。黄灿灿的海滩是滨海国家的旅游胜地，有些国家为了保护美丽的沙滩，不惜重金，从内陆取沙来填补海滩沙之不足。

蓝藻能固定大气中的氮以提高土壤肥力

沙漠还被一些科学家视作"未来的粮仓"。在人口剧增的今天，粮食紧缺、耕地匮乏的态势日趋严峻，藻类已被许多国家列为"未来粮食"来研究。沙漠是培育藻类的理想之地。日本科学家在科威特沙漠成功地做了一个试验，他们仅用了两个普通游泳池大小的培育池，在半年中竟生产了7吨蓝藻，并用这些蓝藻提炼液制成调味剂，生产出富有营养的饮料、面包和饼干，将残渣以一定的比例掺入饲料，喂养瘦肉型猪和产蛋鸡，也取得了很好的效益。日本科学家曾经作过一个估算：世界人口如按50亿计，同时按照当时利用沙漠培育蓝藻的产量来估算，只需占用20万平方千米的沙漠，培育出的蓝藻就能满足全人类的需要。

我们可以利用和开发沙漠，并不是说沙漠越多越好。沙漠对人类来说毕竟是严酷的生存环境，荒漠化已经对人类构成越来越严重的威胁，因此防治荒漠化，仍是人类的当务之急。

火山也能造福人类

古往今来，火山爆发是人类面临的一大自然灾害，也是科学家讨论的热点之一。根据板块学说的原理，地质学家把火山分成三类。这一学说认为，地壳有若干巨大的板块，板块之下是重矿物组成的炽热的地幔岩体，巨大的板块在岩体上慢慢地移动着，大陆和洋底也随之移动。科学家是这样来解释火山的形成的：第一类火山是由于相邻的板块渐渐分离，从而使熔化了的物质上升到地球表面，于是火山喷发了，冰岛的火山就是这一类；第二类火山是由于板块和板块在移动的过程中相撞或挤压，使板块之下的灼热的熔岩从碰撞和挤压的裂隙中溢出，喷出地表，位于西印度群岛中的蒙特拉特岛上的苏弗里埃尔火山就是这样喷发的；第三类火山位于板块中央，它没有受到另一板块的挤压、碰撞，也没有丝毫从本板块中分离的迹象，但却因突然的喷发形成了火山，这以太平洋夏威夷群岛的火山为典型，对于它的形成机制，板块学者至今迷惑不解。这三类火山不时在地球上喷发，给人类增添了莫大的灾难。

火山学家从研究火山中悟出了几分道理，他们认为："火山对生命来说是必不可少的，因为它们产生了水和空气。"根据地质学家的考察，地球刚刚诞生之际，也是和太阳系中其他星球一样，是既无空气又无水的，只是地球上不断发生火山喷发，才解放了禁锢在地球深部的水和气。从这个意义来说如果没有火山喷发，地球

富含矿物质的火山灰像一座天然肥料加工厂

上就没有生命产生的条件，那就根本不会有人类出现。一些科学家还认为：火山喷发会给人类提供十分肥沃的土壤。人们可以看到，凡是火山喷发过后的大地，如今都是庄稼茁壮、果树满坡。火山还给人类带来了温泉和廉价的能源。新西兰、意大利、冰岛把火山活动带来

火山泥浆浴造就美丽肌肤

的热源用来供热取暖、医疗，乃至发电。冰岛人在即将喷发的火山口附近打井，让聚积的能量多通道地释放出来，既能推迟或阻止火山喷发，又能利用这些热能发电。冰岛人一直企图把火山"盖"住，他们的创举，被人们称为"冰岛人在玩火"。

科学家在研究火山时还有两大发现：一是火山喷发会在一定程度上冷却大气，减少大气的"温室效应"，推迟世界气候越来越暖的进程；二是地质学家发现，火山爆发可能预测今后 20～30 年的大地震。

地震不仅仅是破坏

提起地震，人们想到的就是破坏和灾难。其实，地震带给人类的不仅仅是灾难。20世纪50～70年代，意大利举世闻名的"水城"威尼斯地面持续缓慢下沉，以至联合国向全球科学家发出了"救救威尼斯"的紧急呼吁，恳请大家提供锦囊妙计。然而，这一难题迟迟未能解决。1976年，该市附近的里亚斯特市发生了强

科学家提出了一种阻止水城威尼斯下陷的新方法，即将液体注入地下把城市抬高。

烈地震，震后的威尼斯竟奇迹般地停止了下沉，并且地面开始回升，5年中共回升了2厘米。尽管威尼斯的回升原因目前还是个谜，可是这显然和地震有关。

重158克拉的常林钻石是我国现存的最大钻石

有的科学家还提出，地震的发生能促使石油的生成，这一理论已经得到证实了。在苏联土库曼地区，一次大地震促成了石油生成和储油结构的形成。

此外，构造地震往往沿着地壳的断裂地带发育，从而促使断裂带在剧烈的地壳应变过程中生成一些珍贵的宝石。我国最大的天然钻石——常林钻石，就是在地震活动频繁的芦江、郯城深大断裂带附近发现的。

值得一提的是，地震还是人类认识地球内部构造的一盏"明灯"。20世纪初，俄国地震学家戈里崔恩就曾经说过一段著名的话："可以把每次地震比作一盏灯，它照亮了地球内部，使人类知道地球内部的构成。"现在，戈里崔恩的话已经实现。科学家利用地震波"窥视"了地球的内部，认识到地球是由地核、地幔、地壳三层组成，并且利用地震波运用电子计算机进行断层摄像，将地球深处的物质一览无遗地呈现在人们眼前，为人类向地球深处进军、开发地球资源作了准备。

科学家还在继续研究预测和预报地震，力争把地震所带来的灾害减少到最小。

知识窗

再生资源

　　人类可利用的资源可分为三类：一是不可再生资源，二是可再生资源，三是再生资源。不可再生资源是指被人类开发利用一次后，在相当长的时间（千百万年以内）不可自然形成或产生的物质资源；可再生资源是指被人类开发利用一次后，在一定时间（一年内或数十年内）通过天然或人工活动可以循环地自然生成、生长、繁衍，有的还可不断增加储量的物质资源；而再生资源就是在人类的生产、生活、科教、交通、国防等各项活动中被开发利用一次并报废后，还可反复回收加工再利用的物质资源，它包括以矿物为原料生产并报废的钢铁、有色金属、稀有金属、合金、无机非金属、塑料、橡胶、纤维、纸张等。与使用原生资源相比，使用再生资源可以大量节约能源、水资源和生产辅料，降低生产成本，减少环境污染。同时，许多矿产资源都具有不可再生的特点，这决定了再生资源回收利用具有不可估量的价值。2010 年全球再生资源产业规模已达 22 000 亿美元，2006～2010 年全球再生资源产业规模复合增长率为 14.06%，并以每年 14%～19% 的速度继续增长，增长速度远大于全球 GDP 的增长速度，是典型的朝阳产业。发达国家的再生资源产业发展较为成熟，2010 年全球发达国家的再生资源产业规模占全球总体的 70% 以上。

知识探究

　　蓝山咖啡产地为牙买加，得名于加勒比海环抱之中的蓝山，其咖啡酸味、甜味、苦味均十分调和又有极佳风味及香气，适合做单品咖啡，且产量较少，价格昂贵无比。蓝山咖啡作为世界上最好的咖啡之所以生长良好，除了产地空气清新，没有污染，气候湿润，终年多雾多雨外，还得益于什么因素呢？

莫让水利变"水害"

　　20 世纪 70 年代初，在长江葛洲坝水利枢纽工程的建设过程中，有这么一件轶事，令人久久难忘。一次，专家组偶尔发现坝址附近有一地层断裂带通过。此事非同小可，很快就被汇报给周恩来总理。周总理十分重视，亲自点名调集各方专家云集工地，科学会诊，研究对策，终于完满地处理了这个问题。在这期间，周总理曾多次谆谆教导水利工作者，要十分重视水利工作。他说："水利搞得不好，就会变成'水害'；江水汹涌澎湃，关系到千百万人民的生命财产安全，我对待水利工程始终是'若临深渊，如履薄冰'，是慎之又慎的。"

　　周总理对水利精辟又辩证的阐述，给了大家很大的启示。水利，搞得不好，确实会变成水害。这是古今中外水利工程历史的经验教训。

淮安水利枢纽工程可防百年一遇的特大洪水

决策失误——水没敦煌古城

20 世纪 70 年代末期的一个盛夏，一向气候干燥、地处沙漠的甘肃省敦煌县（今敦煌市）却发生了一场有史以来绝无仅有的水灾。

敦煌，位于河西走廊的终端，坐落在一个群山环抱、沙砾遍野、沙丘绵延的盆地之中，气候十分干燥，年平均降雨量仅 20 毫米，有的年份甚至滴水不落。正因为如此，2 000 年前，人们用泥土、芦苇和

敦煌城市面貌日新月异

罗布麻构筑的汉代长城及其烽火台至今仍巍然屹立，唐代艺术大师在莫高窟山洞中绘制的五彩缤纷的壁画依然色泽鲜艳，栩栩如生，留下了许多令人叹为观止的神话故事和艺术珍品。

改革开放后，敦煌迅速地发展起来，昔日破旧的县城盖起了新楼，修起了马路，建造了机场，街心树起了雕塑《飞天》，并且撤县建市。在沙漠中发展的城市，需要水。于是，人们就在盆地南缘的山谷中，修起了一座以高山雪水补给为主的水库——党河水库。党河水库从此成了敦煌的生命线工程，它以洁净的高山雪水，浇灌了敦煌的田野。从飞机上俯瞰敦煌，酷似茫茫沙海中的一叶翡翠。

党河水库给敦煌以生机，却也给敦煌带来了一场意想不到的灾难。1979 年气候反常，夏季酷热，烈日当空，祁连山上的终年积雪吸热融化，山水不断，融雪量特别丰富，正如古诗中描述的那样："真阳消尽阴山雪，顷刻飞来百道泉。"不几天，平时积水浅浅的党河水库，水位连日上升，甚至到了警戒水位的危险境地，这是建库以来从未有过的现象。不仅如此，当年印度洋潮湿的西南季风也格外活跃，穿越了

党河水库是敦煌人的饮水之源

高耸的青藏高原之后强度不减，继续北上，直向祁连山吹来，抬高成雨，常年很少降水的敦煌，这时却降水不断，雨量达105毫米，是常年的4倍。雪水消融，降水集中，给敦煌送来过量的水，使党河水库爆满，是到了当机立断开闸泄洪的时候了。然而，水对敦煌来说实在太诱人，太宝贵了，要知道这一库党河水，敦煌人要用上一年啊！爱水如命的观念和错误的历史经验，使决策者犯了一个大错：在十分危急的时刻，久久舍不得打开泄洪闸。但他们万万没有料到，沙漠中也会发生水灾。结果，一场不大的雨，终于使库坝决口，党河水库的水，如猛兽般呼啸而下。敦煌终于发生了一场水灾，仅城内浸泡在水中的泥屋就毁了4 000多间，这个人口仅10万的敦煌市竟有7 000人受灾。

选址不当——滑坡激水，伦葛村一朝覆灭

1960年，在意大利北部阿尔卑斯山的一个高山峡谷中，修起了一座巨大的拱形大坝。这座名叫巴瑶恩，顶部宽3.4米，基部宽22.7米，坝顶中央建有泄洪道，左岸桥座下设有动力室。这座造型优美、设施完善的大坝，横截峡谷，"凭空"建起了一座蓄水量达1.5亿立方米的维爱特水库。水库坝高262米，名列当时世界第二，意大利人也以此为荣。

然而，水库的设计者在选址时犯了一个不可原谅的错误。尽管大坝是坚固的，

设备是先进的，但却忽视了这一带山体是石灰岩构成的事实。在雨水的侵蚀下，由山体形成疏松的细粒状的易滑动的黏土质地层，成为了滑坡危险区。

大坝建成后不到3年，灾难终于降临了。1963年10月9日夜间10时15分，一阵巨响，巨大的山峡崩塌滑落，一大片长1.8千米、宽1.6千米，体积达2.4亿立方米的岩体在1分钟内迅猛滑落到水库内。如此巨大的岩石以雷霆万钧之力骤然跌入水库。巨石挤走了库水，顿时，激起一股强烈的上升气流，刮起了一阵狂风，库水冲天而起。位于水库之上20米高处的加苏村就这样被逆流而上的库水埋灭了。

意大利北部高山峡谷中的巴瑶恩大坝

更惨的是，位于水库下游2千米处一个

拥有 2 600 多居民的名叫伦葛村的繁荣村镇，仅在 6 分钟之内就被洪水吞噬了。据目击者叙述，巨大的洪峰如一堵高墙般，以排山倒海之势冲下来，房屋和树木瞬间淹没于一片汪洋之中。洪水退后，山谷又恢复了往日的平静，然而这骤起即退的洪水竟掠走了伦葛村全村人的生命和他们所拥有的一切。巴瑶恩大坝依旧巍然屹立，但水库中盛的不再是水，而是滑下的山石。名震一时的维爱特水库已经名存实亡了。

耗费巨资建造而成的一个大型水利工程，没有为人们造福几年，反而给人们带来毁灭性的灾难。教训何在？选址要科学勘测，勘测要慎之又慎。这是一次血的教训。

管理不善——莫尔维市人为鱼鳖

印度西部和巴基斯坦接壤的古吉拉特邦，位于塔尔大沙漠南端，是一个久旱之地。马丘河在这里蜿蜒流过，这一流量不大的区域性河流，不但要灌溉这一流域的农田，还承担着河流两岸城市的工业用水和生活用水。然而，由于在时间上和空间上降水分布很不平衡，使得这一地区长期受到缺水的煎熬。为了更好地调整河流水量，1972 年印度政府在马丘河上建起一座长 3 873 米、高 22.8 米的大坝。这座大坝建成后，马丘河两岸 11.2 万亩的耕地得到了充分的灌溉，距离大坝 10 千米处的马丘河下游最重要的工业城市莫尔维市也从此解决了缺水之忧。然而，这样的好日子仅持续了 7 个年头，灾祸就骤然降临了。

1979 年 8 月 11 日，古吉拉特邦大雨滂沱，天像漏了一样，一昼夜间降水量达 525 毫米。对于马丘河流域来说，这场降雨是年降雨量的 2/3。正如渴之人不可暴饮一样，久旱的马丘河流域，一时蓄不下那么多的雨水。条条溪流都向马丘河汇聚而来，使马丘河水位节节上升，唯一的办法是启闸泄洪。启闸的紧急指令下达后，却因管理保养不善，而使闸门锈住了，任凭电动起闸，机械起闸，闸门依然不动。水位持续上涨，一场灾难已经不可避免。当局决定发出警报，鸣笛报灾。可是，祸不单行，关键时刻水力发电机

印度古吉拉特邦的一个巨大水井旁站满了取水的百姓

组发生故障，汽笛成了"哑巴"，大水溢顶，大坝开始颤动，软瘫，最后终于被推倒了。

在警报尚未拉响之际，洪水已破堤而出，瀑布般地冲向下游，直指莫尔维市。不到 15 分钟，洪水就冲进城里。可怜的莫尔维市刚刚响起"洪水袭来，死在片刻，立即逃命"的广播喇叭声，人们还来不及跨出大门，全城已经水涨 4 米，人们拼命向高处攀登，但是人们攀高的速度不及水涨的速度。不久，莫尔维市便浸泡在一片汪洋之中，最后水深达 9 米。只有若干高处露出水面，屋顶上站满了呼天嚎地的幸存者。拥有 7 万人口的莫尔维从此便从地图上消失了。

涛涛洪水中的一片小高地成为村民和牲畜的避难所

大水退后，偌大的莫尔维市，只剩下若干水泥屋宇的残墙断垣。树木、高坡、岩壁，凡是能潴留漂浮物的高大物体前面，全是死尸、死畜……

这场惨绝人寰的灾难带给我们无尽的沉思和教训。那个造福马丘河流域的大坝在设计上并没有差错，它确实给这一带的人民造福了 7 个年头。但是由于管理不善，大坝的要害部位年久失修，警报系统失灵，种种因素，最终给人们带来了这场本来可以避免的灾难。

水利工程，本是造福人类的工程，它不仅是农业的命脉，也是工业和城市人民的生命工程。但若处理不当，在一定条件下会变成水害，甚至会酿成大灾。水利工程中的堤坝，由于决策失误、选址不当、质量不佳、管理不善，以及特大的洪水、战争和其他不可预料的自然的或人为的原因，都可能酿成重大的灾害。

让我们警钟长鸣，切莫让水利变水害。

知识窗

阿斯旺大坝对生态环境的利弊

埃及阿斯旺大坝 1967 年建成，是当时世界上最大的高坝工程，在上游形成了一个长 650 千米、宽 25 千米的巨大水库。阿斯旺大坝建设对生态环境确有相当正面的作用。如水库周围5 300～7 800千米的沙漠沿湖带出现了常年繁盛的植被区，这不仅吸引了许多野生动物，而且有利于稳固湖岸、保持水土，对这个沙漠环绕的水库起到一定的保护作用。但是大坝建成20多年后，工程的负面作用就逐渐显现出来，随着时间的推移，大坝对生态环境的破坏也日益明显。（1）泥沙被阻于库区上游，造成沿河流域可耕地的土质肥力持续下降。（2）河水不再泛滥，不能带走土壤中的盐分，导致了土壤盐碱化。（3）库区及水库下游的尼罗河水水质恶化，以河水为生活水源的居民的健康受到危害。（4）河水性质的改变使水生植物及藻类到处蔓延，不仅遍布灌溉渠道，还侵入到主河道。（5）因尼罗河下游河水的含沙量骤减，导致尼罗河下游河床遭受严重侵蚀，再加上地中海环流把河口沉积的泥沙冲走，导致尼罗河三角洲的海岸线不断后退。

知识探究

　　梅雨是初夏季节长江中下游地区特有的天气气候现象，它是我国东部地区主要雨带北移过程中在长江流域停滞的结果，其主要特征是天空连日阴沉，降雨连绵不断时大时小，且气温高湿度大。这种季节的转变以及雨带随季节的移动，年年如此，已形成一定的气候规律性。但梅雨又是一种复杂的气候现象，它远不是像农历历本上所定的"入梅"、"出梅"那样简单。相对正常梅雨而言，还有"早梅"、"迟梅"、"空梅"以及严重的"倒黄梅"等异常梅雨。为什么人们将这种气候现象称谓"梅雨"或"霉雨"呢？

防灾减灾预则立

在 1994 年的洪灾中，发生过一个发人深思的小故事。

在水灾多发地区的某县有相邻两个乡，甲乡鉴于多年遭灾的教训，乡长未雨绸缪，早就组织民众兴水利、筑河堤，在甲乡的四周搭建了一个严严实实的防涝小包围；乙乡乡长却在嘲笑甲乡是"杞人忧天"、"庸人自扰"。结果，到了七八月间特大洪水袭来，甲乡安然无恙，而乙乡没有河堤保护，成了一片汪洋。"预则立，不预则废"这是一个简单的道理。可是，乙乡由于没有预先筑堤，乡长在抗洪抢险中身先士卒，成了抗灾英雄，受到了县领导的表彰，而甲乡乡长由于事先作了充分准备，躲避了洪水侵袭而默默无闻，没有得到应有的肯定。

安徽农村修建的防洪堤工程

这是一个发人深省而又带有普遍意义的事例。在防灾救灾的投入中，往往是重救轻防；对防灾的投入，总是很难到位。而一旦遭灾，又不得不付出十分高昂的代价。群众尖锐地批评为"有钱送葬，没钱买药"。

抗灾重在防。防重于治的思想，尽管在我国古籍中能看到许多十分精辟的论述，但直到今天还没有成为人们的共识。史书上曾记载着春秋战国时杰出的医学家扁鹊与魏文侯的一段对话。魏文侯问扁鹊，你们兄弟三人谁的医术最高？扁鹊毫不犹豫地回答：是兄长。魏文侯很奇怪，既如此，兄长们为何不及你出名呢？扁鹊说：大哥治病能从患者的神情中看出征兆，未有形而治之，故名不出家；二哥治病，能从患者的毛发中看出征象，不等病发作就治愈了，故名不出乡；唯有我，等患者病重了，才敢下重药，动手术，救患者于垂危之中，反而闻名天下。

在我们的现实生活中的确是这样，治病的双手和动手术的一把刀总是比防疫的公共卫生医生吃香。同样是治病，如果医生在患者病未发生时就教其预防，或病

扁鹊是春秋战国时期的医学家

始发时就治好了，哪怕医术再高明，也不容易受人赏识、被人记住；而当患者卧床不起，乃至病情危重时，患者尽管受尽了折磨，吃够了苦头，一旦病被治好，将会对医生佩服得五体投地，视为再生父母，医生也因此红极一时，重赏有加了。

魏文侯是否听懂扁鹊关于防重于治的一番道理，我们且不去考究。条件相同的两个乡同样遭到洪水侵袭，何以一个安然无恙，另一个损失惨重呢？披红戴花、重赏有加的难道不首先该是未雨绸缪重于防灾的甲乡乡长吗？当然，在抗洪救灾中舍生忘死、奋不顾身保护国家和群众生命财产的乙乡乡长的行为也应该肯定。问题在于，我们首先不应忘却那些防患于未然的人们。否则，导向会发生错误，让人们误认为"先防不如后治"，而忘却了未雨绸缪总比亡羊补牢要好的道理。

事实上，抗灾"预则立"，也是人们在无数次与重大自然灾害抗争中以鲜血和生命换来的教训，不论水灾或地震都是这样。

如今，预报是防震减灾的基础，已成为人们的共识，并已化为抗震抗灾的物质力量。

20世纪90年代初，我国地震科研部门预警我国已进入地震高发、频发期，并预报了我国西部地区有发生里氏6～7级以上地震的可能，从宏观的区域上让广大人民群众有了抗震防震的精神和物质准备。1995年6月3日～7月12日，我国云南孟连、中缅边境连续发生里氏5.5级、6.2级、7.3级强烈地震，由于地震部门事先作出了中短期预报和临震跟踪预报，各级政府采取了有力措施，使震灾中人员死亡减少到11人，取得了良好的减灾效果。

经过一代人的努力，目前我国的地震预报已居世界先进行列。从1975年2月成功地预报海城地震开始，我国已成功地对10次里氏6级以上的大震作出了短期临震预报。海城地震的预报经联合国教科文组织审评，使

辽宁海城地震纪念碑

中国成为唯一对地震作出过成功短期临震预报的国家而载入史册。同时，我国地震部门对地震应急对策的研究取得了巨大进展，我国已经能够在地震发生后半小时内快速测定境内里氏 5 级以上地震和全球里氏 7 级以上的地震。

1994 年四川沐川里氏 5.7 级地震、台湾海峡里氏 7.3 级地震，1995 年甘肃永登里氏 5.8 级地震和 1996 年云南丽江、新疆阿图什—伽师里氏 6.9 级地震、内蒙古包头里氏 6.4 级地震发生后，地震部门在短时间内就测出震中、震级，当地政府和救灾部门按应急预案很快到位，及时抢救，取得很好的实效。

1996 年云南丽江大地震留下的痕迹

灾害虽不可避免，却可以减轻，防灾是可以做到的。防灾减灾有许多工作要做，首要的是更新观念。在更新观念方面，要做到以下几点。

（1）增强灾害意识和防范观念。要认识到灾害是如影随形的，灾害就在我们身边。要让广大人民群众，特别是领导干部多一点防范意识，少一点侥幸心理。要认识到，天灾八九是人祸的道理。在预防灾害中，不但要防自然灾害，更要防范人为灾害。

重建后的韩国首尔圣水大桥

（2）未雨绸缪，防患于未然。要吸取古今中外防灾史中的成功经验和失败教训。1995 年韩国汉城汉江圣水大桥倒塌，上海市政府立即责成有关部门对苏州河上的所有桥梁进行了检查，果真发现不少隐患，及时采取了措施，避免了类似的灾难。

（3）向科技要平安，向专家要对策。科学技术既是发展经济的动力，也是防灾减灾的保障。加强对灾害的预测预报，依靠科技防灾减灾，将灾害减到最低程度。

知识窗

地震预测

地震预测是针对破坏性地震而言的，是指在破坏性地震发生前作出预报，使人们可以防备。为此，它应当具有高度的可靠性，预报不准会引起不必要的恐慌，给社会、经济带来损失。但可靠的预测又是非常困难的，因为人类至今对地震的成因和规律还认识得不够全面，对地震的孕育过程和影响这一过程的种种因素也缺乏充分了解。因此，尽管地震预测问题提出了很久，但进展缓慢。科学家为此作了很大努力，但至今仍不能准确预测地震，在最好的情况下也只能做出很粗略的估计。我国自 1966 年邢台地震以来，广泛开展了地震预测的研究，取得了一定进展，曾经不同程度的预测过一些破坏性地震，如 1975 年成功预报了辽宁海城的 7.3 级强烈地震。但地震预测始终是世界公认的科学难题，全世界都在努力探索地震预测的有效途径，但就目前来说，还很难完全准确地预测地震。因为一次真正的有社会显示度的预报意见必须给出未来地震时间、地点和震级，即时空强三要素，一种实用的预报方法必须具有较高的准确率，目前都还很难做到。

知识探究

一般来说，地震发生时会产生纵波（P 波）和横波（S 波），纵波传递速度较快，横波传递速度较慢。地震发生后，首先是纵波到达地面，引起房屋上下抖动，然后才是横波使房屋左右摇摆最终倒塌。那么在地震发生时，在水中游泳的人又会有什么样的感觉呢？是先颠簸后摇晃还是先摇晃后颠簸？

辩证看待灾害

1998 年，长江中下游流域发生洪水灾害，坝垸险象环生；松花江、嫩江流域暴发了特大洪水，齐齐哈尔、大庆、哈尔滨连连告急。洪灾受灾人数 2.3 亿人，直接经济损失 2 550 亿元。

是天灾也是人祸

面对世纪之灾，人们不禁要问：滂沱大雨持续不断，大河、大湖为什么一下雨就涨上"天"？为什么大城市一下大雨就水满为患、车如行舟街似河？

洪涝灾害的形成一般取决于两个因素：一是降水在空间和时间上的集中程度，我们称它为上界面（天）；

从空中俯看被洪水淹没的机场跑道

二是地表对过多的水的蓄、泄、堵的容量及能力大小，我们称它为下垫面或地生态（地）。一旦暴雨骤降或梅雨连连，降到地表的水超过了蓄水的容量和排水能力，河、湖又没有足够高和坚固的堤坝保岸隔水，于是河湖漫溢，导致洪水泛滥。实际上是上界面（天）和下垫面（地）共同构成了洪涝的成灾机制。暴雨倾盆，即使百年一遇，但如果地生态好，有足够的蓄、泄和防的能力，往往可以化险为夷；相反，即使雨量不大，但地生态不佳，蓄不下、泄不出，又无良好的堤坝防护，也会"阴沟里翻船"，酿成灾难。

1998 年，长江洪涝因何来势汹汹，水位长期居高不下，酿成大灾？这是天灾加人祸造成的；所以，自然灾害的发生不仅是天灾，也是人祸。

这场洪灾首先是天灾，气候异常，雨量过大，是大自然在发难。中国东部降

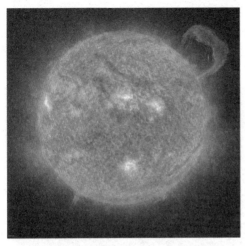

黑子是太阳表面一种炽热气体的巨大漩涡

水主要受亚洲季风气候影响，夏季降水集中。近 2 000 年来，长江共发生过 200 多次洪灾。在最近 300 年间，长江流域世纪性大洪水也曾发生多次，其中以 1870 年的那次洪水为最大。1998 年，长江流域又一次发生了世纪性洪水，它的流量不算最大，但持续时间之长是 20 世纪之最。

如果进一步分析这场天灾，从气候上说，与"厄尔尼诺"、"拉尼娜"现象以及 1997 年冬季青藏高原降雪量增大有着密切关系，与正值太阳黑子爆发高峰年也不无关系。已故的气象学家竺可桢的杰出贡献之一，就是发现太阳黑子的爆发周期为 11 年，而在两个爆发周期的 22 年间的中国长江流域必有洪涝灾害。这一发现已被 20 世纪长江洪水灾害所证实，1931 年、1954 年和 1998 年均是太阳黑子爆发年，都符合 22 年的周期。除此以外，地质学者发现，这次长江中下游的暴雨和长江大裂谷有关。长江大裂谷不断从地壳内部喷出热量和水汽，这正是长江沿岸"三大火炉"——重庆、武汉、南京夏季炎热灼人的原因。1998 年，长江大裂谷冒出的汽、热特强，在长江上空形成一堵汽墙，堵住了北上的气团，使降雨云系长期停滞在长江沿线，致使暴雨滂沱，雨量达到往年的 2 倍以上，仅 7 月 21 日一天，武汉市就降下了 6 600 万立方米的雨量，相当于倾泻了一座中型水库的水量。

除了天灾之外，这次长江洪灾无疑与长江流域生态环境的恶化及过度的围湖造田、围江建垸和长年累月砍伐破坏长江中上游的原始森林有关，这是人祸。

近几十年来，长江上游地区天然林被砍伐殆尽，暴雨集中的大巴山已是光山秃岭，沿江坡度在 25° 以上的山坡也被开垦为耕地，水土流失严重。而洞庭湖和长江河漫滩湿地垸子广布，影响行洪，抬高了长江水位，造成了"悬河"，大面积的围湖造田使湖面急剧萎缩，调蓄功能大幅度下降。这些人祸显然加剧了天灾的发生。天灾固然不可避免，但人祸必须引起反思。

裸露的山坡上植被稀少

大灾之后的"大建"

大灾之后，必有"大建"。

首先，是防灾减灾观念的建立。应当把人和自然和谐相处和可持续发展的观念放在首位。然而，这往往是被人们忽视的。

灾害像人类的影子，只要人类存在，灾害总会相伴左右。水灾是人世间涉及面最大的灾难，是人类过度地掠夺大自然之后，大自然不堪重负而对人类的报复。

武汉现逢雨必涝原因之一是大量湖泊被填

恩格斯早在100多年前就说过："我们不要过分陶醉于我们人类对自然界的胜利。对于每一次这样的胜利，自然界都对我们进行报复。"我们必须时刻记住："我们统治自然界，决不像征服者统治异民族那样，决不同于站在自然界以外的某一个人——相反，我们连同肉、血和脑都是属于自然界并存在于其中的；我们对自然界的全部支配力量就是我们比其他一切生物强，能够认识并正确运用自然规律。"

100多年过去了，尽管自然报复连连不断，并且愈演愈烈，但人们并没有觉醒，依然我行我素。1998年长江洪灾中的降雨量和洪水流量都没有1931年、1954年两次大洪水大，但与1931年、1954年相比，湖泊大大地缩小了，河床大大地抬高了，森林大大地减少了，蓄洪泄洪的河流也大大地减少了。这是人类错了位的恶果，人们把地生态搞糟了，由此给长江中下游造成的水位压力大大超过了1954年，所以带来了如此大的险情和深重的灾难。

大灾之后，是该真思考和深刻反思。当我们的伤口还在隐隐作痛之时，恩格斯的教导变得更加深刻，更加让人刻骨铭心。

自然界的报复是客观规律；自然界借1998年大洪水又一次给我们敲响了警钟。

其次，"大建"要建设有利于防洪防灾的生态环境，要让人从"错位"中复位。

一是从山上走下来，退耕还林。森林是"没有闸门"的绿色水库，涵养水源的功能极好，1万亩森林的蓄水功能相当于一个蓄水量100万立方米的水库。由于盲目砍伐，我国国有林区累计采伐木材10亿立方米，共消耗天然森林资源6 300万立方米，其中长江、黄河流域达2 000万立方米。林业专家认为，如果再砍下

森林具有非常强的涵养水源功能

去，长江上游就再也没有天然林了。目前，长江上游水土流失严重，许多水库成了"沙库"。长江上游森林的破坏，加剧了这次中下游的洪灾。时任总理朱镕基曾严厉地指出："长江中上游的树已经砍得差不多了，这会造成严重的水土流失，一棵也不要再砍了。"国务院决定把上百万个伐木工人变为造绿工人，无疑是一大善举。去过瑞士的人很难相信，这个风景如画的国家200年前是一个山洪突发、水旱灾害不绝的贫瘠之国，瑞士之所以被称为"花园之国"是因为瑞士人民连续上百年的护绿造林。可以想象，经过年复一年的植树造绿，若干年后，青山护着长江水，"两岸猿声啼不住，轻舟已过万重山"的诗情画意又会重现，洪水也不会像今天这样肆虐。这样一举两得的好事我们为什么不去做呢？

二是从湖泊中退出来，退田还湖。从这次长江洪灾中可以看出，比植被破坏更严重的是人与湖争地。湖泊是天然的水库。长江流域的众多湖泊都担负着长江蓄洪的重任，对长江水有自然调节的功能。可是，由于人口骤增，人们盲目地围湖造田、建屋，导致湖泊面积骤减。从20世纪40年代末到80年代初，长江流域八大湖泊面积减少幅度为33.3%，共达5 500多平方千米，相当于围掉了一个鄱阳湖。湖北历来有"千湖之省"之称，1949年时共有湖泊1 066个，至今仅有309个，最大的洪湖只剩下53平方千米，容积减少了一半以上。有"八百里洞庭"之称的洞庭湖，容量由1954年的370亿立方米减小到1998年的170亿立方米，净减200亿立方米。太湖是长江下游河口三角洲上的一个大湖，也被围垦掉将近100平方千米。

自古以来，历代贤哲对湖泊的蓄水泄洪作用十分重视。北宋时期，有人建议围垦今山东境内的东平湖（梁山泊），官员们递交的奏本把围垦后所能得到的良田美景描述得十分动人，但宰相王安石将其视为小利，不为

鄱阳湖湿地退田还湖景色迷人

所动。而现在我国的围湖面积已达1.3万平方千米，超出了围海面积。从已被围垦的"湖"中退出来，已是刻不容缓的当务之急了。

湖北民垸分流洪水淹没庄稼

三是从江中走出来，平垸行洪。这次洪灾中我们多次听到"民垸"这个《辞海》中找不到的词。"民垸"是在江汉平原、洞庭湖地区围湖、围江而成的"土围子"，实际上是围江造田的产物和泄洪区上的违章村宅。这次洪灾中民垸之所以给人们如此深刻的印象，是因为最惊心动魄的保堤之战，并不是发生在长江干堤之上，而是发生在保卫民垸上。据统计，1998年特大洪灾使长江中下游干流和洞庭湖、鄱阳湖地区近2 000个民垸溃决，内有耕地24万平方千米，受灾人口231万人。这次湖南、湖北两省的受灾民众几乎全是居住在民垸之中的。

今天，滔滔洪水正向人们索回曾经属于自己的地方。让人们退出不该占领的土地，平垸行洪才能让长江水欢快地畅流。平垸行洪、退田还湖的主要目的，是给洪水让路，由此带来的新的矛盾是农民耕地减少。沿江各省从这一实际情况出发，采取了灵活的措施，即退田退耕的"双退"方式和退田不退耕的"单退"方式。一些建立在长江和洞庭湖洪道的洲滩上成为行洪障碍的围垸，面积不大，但对大局影响很大，应坚决清除，退田还湖。这便是"双退"方式。而对其他洲滩民垸来说，一般洪水仍可进行农业生产，遇较大洪水时分洪蓄水或引洪。这便是"单退"方式。

其次，"大建"最重要的是修建防灾工程。

我国长江、黄河、珠江、淮河、海河、松花江、辽河七大江河的中下游，由于泥沙淤积、河床抬高，先后成了地上河（悬河），沿江大城市的标高大都在河流之下，依靠着20多万千米

水利工程防洪减灾效益显著

的江堤保卫着沿江城市的安全。在综合分析 1998 年特大洪水成因时可以看出，长期的生态破坏以及年久失修的水利工程都在一定程度上加剧了洪灾的程度。

防洪工程需要投入，这个钱是不能省的。根据记载，1949 年以后，黄河建堤的投入与防灾效益的投入产出比是 1 ∶ 10，长江则是 1 ∶ 20，效益是很大的。我们不要在防灾工程上舍不得花钱，否则当灾害来了，就不得不花更多的钱。

最后"大建"还必须加强非工程性防洪措施的实施和研究。

水灾是具有自然与社会双重属性的灾害。防灾工程是防灾的主体，但是也还需要改善流域生态环境和重视加强非工程防洪措施的实施和研究。

非工程性防灾是 20 世纪 50 年代美国科学家提出的新概念，是相对于工程性防洪而言的。它主要是指对洪水威胁区进行经济目标的发展规划和计划管理时，应用法律、行政来干预，以及除控制洪水工程措施以外的其他技术手段，安排生产方式和生活防洪设施，制定大洪水来临时的应急方案，建立强制性的防洪保险等等。它的主要宗旨在于采取与社会和经济发展相适应的防洪方针，从而提高防洪减灾效益。

当前，我国长江流域洪泛区的情况和美国 20 世纪六七十年代相似，洪泛区人口密集，经济增长速度较快，若洪水来临，一旦分洪，则损失巨大。不少专家建议，今后水利建设应该实施工程性防洪和非工程性防洪并举。前者是用来改造自然，后者是适应自然，两者是为达到同一目的的两种手段。

辩证看待灾害

从人类发展史来看，灾害一直是从反面推动人类社会进步的动力。没有哪一次历史灾难不是以历史进步为补偿的。

自然灾害是一种巨大的破坏力量，会给人类带来深重的灾难，这是坏事。然而，天灾并没有将人类灭绝，人类社会反而在不断战胜灾害的过程中走向成熟、走向繁荣。灾难和逆境能够催生人类的伟大品格，锤炼人类的意志和能力。同样，抗灾抢险也能激发人类的智慧火花和无穷的创造力。自然灾害是一种突变。大自然施暴时会将自己暴露无遗，这恰恰是人类认识自然的最好时机，也是研究灾害的契机。科技史上的一些创造发明，往往产生在人类经历大灾大难之后，这也绝不是偶然的。

生命，在逆境中成长

辩证看待灾害，一是要认真总结经验教训，发展灾害科学，提高防灾减灾能力。大灾之后，人们痛定思痛，对自然界有了进一步认识，对防灾减灾的认识也会进一步提高。1998年洪灾之后，"警惕大自然的报复"的观念，渐渐深入人心。在抗洪抢险斗争中，行之有效的发明创造层出不穷。

当时，江泽民总书记代表党中央提出的"严防死守"，决不仅仅是政治动员，而是有其严密的科学论证作依据的。1998年8月16日，沙市水位达到45.22米，高出国务院颁布的分洪水位44.76米之上55厘米。中共中央关于荆江不分洪的决策，决不是侥幸的冒险，它是在多方专家用"有限单元法"对荆江大堤体积渗漏进行了测算，确定了安全系数是45.30米后才做出的。这个成功的风险决策范例，减轻了洪灾的损失，大大提高了我国风险决策的水平，震惊了世界。

湖北荆江分洪闸

洪灾只是多种灾难中的一种。大涝必有大旱。1998年，东北、长江流域洪灾连连，粤西（湛江）土地龟裂，黄河、淮河和海河流域连续干旱，黄河断流。水旱之后，必有蝗灾，蝗灾已在新疆地区露头。我国正处于地震高发频发期，震情不断……我们是否可以举一反三，也作一些研究、预测，做到未雨绸缪呢？

辩证看待灾害，二是要加强科技投入，发展防灾产业。

科学技术（遥感、卫星定位、信息网络）在1998年抗洪救灾中起了重要的作用，在救险中，海、陆、空三军动用了现代化的装备，发挥了巨大的威力。由此可见，科技不仅是第一生产力，更是抗灾减灾不可或缺的一部分。但是，在抢险护堤、堵口搏斗之中，我们基本上还是靠肩挑手提，编织袋装泥，在万分危急之际，是我们的子弟兵用血肉之躯挡住了滔滔洪水。这又使我们看到发展我国防灾抗灾产业之迫切。

辩证看待灾害，三是抓住大灾契机，研究大自然的变化。

1998年长江洪水是百年难遇的特例。这么大的流量，这么久的高水位，对整个长江流域的生态、环境、水利、航运、水产等，都是一次极大的"冲击"。在大洪水冲击下会产生一系列平时不会出现的变化，会有一系列矛盾暴露出来，这给我们进行仿真模拟提供了实证试验的机会。

著名河口海岸学家、中国工程院院士陈吉余教授提出：1860年、1870年和

1954年三次长江特大洪水在长江口的南港冲出了北槽，水深7米的北槽成了今日长江河口进出巨轮的主航道。那么，1998年的长江特大洪水对长江河口的河道边滩和水下沉积产生一定影响是必然的。因此，他认为有必要对长江河口进行全面地水文调查和水下地形测量。

航拍汶川地震后重新规划建设的农村新貌

　　我们能否由此触类旁通，在各个领域都作些灾后的深入调查呢？长江洪涝灾害无疑拥有巨大的破坏力量。但辩证看待灾害，也可以看到灾害给我们提供了新的发展契机。比如，民垸是本来就不应建的，但清除泄洪区内的违章村宅却是多少年来没有解决的难事。1998年长江洪灾之后，解决这一难事的障碍一下子就被清除了。洪水来得猛，地域广，造成的损失达2 550亿元。我们应该看到，洪水冲掉的资产中的相当一部分，属于调整范围的存量资产。洪水冲掉这一部分存量资产，使增量资产的投入建立在有利于优化经济结构的基础之上，从而在更高的起点上发展产业。只要我们紧紧抓住灾后重建和发展的新契机，就一定能创造新成就，重建家园，把经济建设和社会发展提高到一个新水平。